高等院校数字化建设精品教材

Python 程序设计案例实践教程

主　编　张林峰　贺细平
副主编　陈

北京大学出版社
PEKING UNIVERSITY PRESS

内 容 简 介

本书以独立的、需求清晰的编程任务为实验单元，按照《Python 程序设计案例教程》的章序进行编写，共 85 个实验。每个编程任务都紧贴生活实际，读者编写实现的每个编程任务的代码都可看作一个完整的具有一定功能的“小软件”。

本书不仅涵盖了 Python 语言的基本知识，而且展示了 3 个较高层级的主题：如何利用面向对象的思想通过“类”实现复杂问题求解和组织代码；如何利用 Python 实现网络爬虫；如何实现 Python 在科学计算与可视化方面带来的便利。通过本书编程任务，将 Python 程序设计知识融汇到解决实际应用问题中，使读者感受到 Python 语言的简洁和魅力。

本书不仅可作为实验用书与《Python 程序设计案例教程》配套使用，也可单独作为 Python 程序设计实践教程。

前　　言

本书以解决实际问题为目标，充分利用 Python 语言的特点，将 Python 语言相关知识融汇到每个完整的具有一定功能的任务程序中。

本书以独立的、需求清晰的编程任务为实验单元来组织内容，每个编程任务都具有实际应用背景。对各编程任务的输入都有准确的描述，对其输出也都有明确的功能要求和格式要求。实现编程任务的代码或长或短，或简单或复杂，但都是一个完整的、具有特定功能的“小软件”。读者通过编程完成这样的“小软件”就容易获得成就感，从而激发并保持学习编程的兴趣。

本书精心设计了 85 个实验，每个实验为一个编程任务且都由标题、任务描述、输入、输出、输入举例、输出举例、分析、参考程序代码、重要知识点等部分构成。输入和输出部分对编程任务要求的输入输出数据进行了详细、准确的说明，如数据的个数、格式、含义、取值范围等；重要知识点部分对编程任务所涉及的重要知识进行了提炼。在实现各编程任务时，可以将其输入部分描述的条件作为前提条件。因此，没有必要在程序中对输入数据的各种可能出现的错误情况进行判断。也就是说，对程序设计者而言，可以认为用户输入的数据已经满足了输入部分描述的条件，输出部分的描述应当被看作程序输出结果必须达到的目标。在输出时，应当严格按输出的要求，尤其要注意空格、回车等字符不能多输出，也不能少输出。

读者在编写 Python 程序实现本书的编程任务时，必须意识到：若编程任务的输入和输出的要求发生变化，则须谨慎处理。因为有些变化对用户来说看似微小，但对程序设计者来说，有可能是编程上的大变化。例如，编程任务“长小数比大小”，如果小数的有效数位数不超过 16 位，那么直接用浮点数的比较即可实现，但本编程任务输入的小数位数超过 16 位，超出浮点数的精确表示范围，只能用其他方式来实现。因此，当读者完成了一个编程任务并得到了一个“小软件”后，不妨思考一下：如果对此“小软件”提出新的功能需求，相应的输入和输出的要求发生某些变化，那么原程序是否还能满足要求？若原程序不能满足要求，该如何修改？

本书为每个编程任务提供了一个或多个完整的参考程序代码，均在 Python 3.6.5 中运行通过。对稍有难度的参考程序代码配有详细说明，以便能有效地帮助读者理解程序代码背后的含义。同时鼓励读者尽量采用多种不同方法、方式解决同一个问题，并比较和思考这些不同方法、方式的优缺点。

本书涵盖的知识点如下：

(1) Python 语言基础：Python 基本语法、基本数据类型和常用内置函数的运用。

(2) 程序控制结构：分支结构与循环结构在实现程序逻辑中的运用。

(3) 组合数据类型：列表、元组、集合、字典的运用。

(4) 文件操作：读写文本文件或二进制文件、读写 Excel 文件、文件型数据库 SQLite 的基本操作。

（5）函数的设计：函数的设计与调用、递归函数的设计。

（6）复杂问题求解与代码组织：类的设计与运用。

（7）Python 网络爬虫程序设计。

（8）Python 在科学计算与可视化中的应用。

本书充分地利用了 Python 语言具有丰富相关库资源的特点，展示了常用 Python 库在实际编程中的运用。这些库包括 turtle（绘图）、math（数学计算）、random（随机数）、re（正则表达式）、csv（读写 CSV 文件）、openpyxl（读写 Excel 文件）、datetime（时间操作）、calendar（日期操作）、sqlite3（SQLite 数据库操作）、numpy（科学计算），matplotlib（数据可视化）、bs4（BeautifulSoup 网页解析）、requests（网页请求）、os（文件夹相关操作）、tkinter（绘图）、PIL（图像文件操作）、struct（内存对象的导入导出）、traceback（异常栈跟踪）等。若这些库在使用时尚未安装，则需预先安装。

本书不仅可作为实验用书，与《Python 程序设计案例教程》配套使用，也可单独作为 Python 程序设计实践教程。本书适合初学者自学，对具有一定编程基础的读者，本书的编程任务也可作为练手项目和应用范例。

本书由张林峰、贺细平担任主编，陈义明、陈光仪担任副主编，参加编写的还有聂鹏、拜战胜、罗旭、张引琼、张红燕、曾莹、聂轰、冯德勇、谢斌等。

本书配有数字化教学资源。数字资源建设成员有（以姓名笔画为序）：邓之豪、付小军、苏美华、李小梅、邹杰、罗芸、柳明华、贺振球、熊太知。

本书各章的程序代码可通过扫描各章末尾的二维码获取。编者鼓励读者自主编写程序并进行充分的测试以确保程序的正确性。

由于编者水平有限，书中的错误和不足之处在所难免，欢迎批评指正。我们的邮箱是：390199309@qq. com。

编　者

2019 年 9 月

目　　录

第 1 章　Python 入门

实验 1.1　我在学 Python 编程

任务描述:

编写程序,输入读者自己的名字,让计算机在屏幕上输出一行形如“我是某某某,我在学 Python 编程!”的文字。其中“某某某”为自己的名字。

输入:

自己的名字。

输出:

我是某某某,我在学 Python 编程!

输入举例:

张三

输出举例:

我是张三,我在学 Python 编程!

分析:

通过 input()函数接受用户的输入,input()函数的返回值为字符串。输出字符串中除名字根据输入值变化外,其余部分不变,因此可用一对双引号或单引号括起来的字符串常量表示。如下代码所示,结果字符串分为 3 个部分:常量字符串"我是"、存放名字的字符串变量 myName、常量字符串",我在学 Python 编程!"。各部分由字符串的拼接运算符“+”拼接成一个新字符串,通过 print()函数输出此字符串。

参考程序代码:

```
myName=input()
print("我是"+myName+",我在学 Python 编程!")
```

重要知识点:

(1) 字符串的输入和输出。

(2) 字符串的拼接。

实验 1.2　鹦鹉学舌

任务描述:

有一只鹦鹉,学舌能力超强,不论你说什么,它都能丝毫不差地重复出来。现编写一个程序,模拟鹦鹉的学舌功能。要求程序能接受用户输入的任意内容和长度的“一句话”,并原封不动地输出。

在此约定："一句话"是指一行文本，可以包含中文、英文、数字、空格、标点符号，以回车符结尾。

输入：

以回车符结尾的一行文字。

输出：

将输入的文字原样输出。

输入举例：

我们要好好学习，天天向上！ I am a super parrot!

输出举例：

我们要好好学习，天天向上！ I am a super parrot!

分析：

利用 input()函数实现用户输入的以回车符结尾的任意字符串存放到某个变量中，该变量的类型是字符串类型。然后，通过 print()函数输出存放在此变量中的字符串。需要明确的是：回车符并不会进入该变量的字符串中。也就是说，输出的结果字符串中不含回车符。

参考程序代码：

```
aLine=input()
print(aLine)
```

重要知识点：

(1) 中、英文字符串的输入。

(2) 字符串的原样输出。

实验 1.3　王老先生有块地

任务描述：

儿歌《王老先生有块地》简单生动、朗朗上口。其歌词有 4 段，每段除动物名和其发出声音的拟声词不一样之外，其余都一样。鸡、鸭、羊、狗 4 种动物分别发出的叽叽、呱呱、咩咩、汪汪的声音。第 1 段的歌词如下：

王老先生有块地 咿呀咿呀哟

他在田边养小鸡 咿呀咿呀哟

叽叽叽 叽叽叽 叽叽叽叽叽叽 叽叽叽叽

编写程序，在给定动物名和发出的声音后，输出相应段的歌词。

输入：

两行，每行一个汉字，分别为动物名和发出的声音。

输出：

相应段的歌词。

输入举例 1：

鸭

呱

输出举例1：

王老先生有块地 咿呀咿呀哟

他在田边养小鸭 咿呀咿呀哟

呱呱呱 呱呱呱 呱呱呱呱呱呱 呱呱呱呱

输入举例2：

羊

咩

输出举例2：

王老先生有块地 咿呀咿呀哟

他在田边养小羊 咿呀咿呀哟

咩咩咩 咩咩咩 咩咩咩咩咩咩 咩咩咩咩

分析：

将用户输入的动物名和拟声词拼接到歌词字符串的适当位置即可。

为了重复多次拟声词，在此可利用Python对于可迭代对象的进行重复的运算符“*”。例如，将一句话“这里是重点”重复3遍，可以写成表达式'这里是重点'*3，输出得到的结果字符串是'这里是重点这里是重点这里是重点'。

参考程序代码：

```
1  animal=input()
2  sound=input()
3  print('王老先生有块地 咿呀咿呀哟')
4  print('他在田边养小'+ animal+ ' 咿呀咿呀哟')
5  print(sound*3+ " " +sound*3+ " " +sound*6+ " " +sound*4)
```

说明

第4行：字符串' 咿呀咿呀哟'中的第1个字符为空格字符。

第5行：双引号中的字符为空格字符。

重要知识点：

(1) 分行字符串的输入与输出。

(2) 字符串重复若干次。

(3) 字符串的拼接。

实验1.4　基本算术运算

任务描述：

编写程序，对于给定的两个实数a,b，求a与b的加、减、乘、除、取余、整除以及a的b次幂的结果。

输入：

两行，第1行为实数a，第2行为实数b。输入的实数大小应确保它们的运算结果是在浮点数类型的最大精度所表示的有效数位数范围之内(通常为16位)。

输出：

分别输出 a 与 b 的加、减、乘、除、取余、整除、幂次运算的计算表达式和结果，运算过程各占一行，具体格式如输出举例。输出的数值保留 6 位小数。

输入举例：

3.4
1.2

输出举例：

3.400000+1.200000=4.600000
3.400000-1.200000=2.200000
3.400000*1.200000=4.080000
3.400000/1.200000=2.833333
3.400000%1.200000=1.000000
3.400000//1.200000=2.000000
3.400000**1.200000=4.342849

分析：

因为 input()函数接受输入后返回的结果是字符串类型，因此需要调用 float()函数将字符串转换为相应的浮点数型数值后才能进行加、减、乘、除等运算。

以加法运算为例，输出结果的方式有多种。

其一，采用%方式实现格式化。代码如下：

print("%f+%f=%f"%(a,b,a+b))

此方式中的%f 表示该处将输出浮点数型数值，该数值默认保留 6 位小数。print()函数中的%(a,b,a+b)表示此元组中有 3 个值，输出时，其值分别出现在前面对应的%f 处。

其二，采用字符串的 format()函数实现格式化。如下代码所示：

print("{:f}+{:f}={:f}".format(a,b,a+b))

其三，采用字符串拼接方式输出。如果输出时采用如下代码：

print(str(a)+"+"+str(b)+"="+str(a+b))

那么输出的结果就不能保证总是 6 位小数的精度，不满足本任务对输出格式的要求，所以在此不采用此方式。

参考程序代码：

```
a=float(input())
b=float(input())
print("%f+%f=%f"%(a,b,a+b))
print("%f-%f=%f"%(a,b,a-b))
print("%f*%f=%f"%(a,b,a*b))
print("%f/%f=%f"%(a,b,a/b))
print("%f%%%f=%f"%(a,b,a%b))
print("%f//%f=%f"%(a,b,a//b))
print("%f**%f=%f"%(a,b,a**b))
```

说明

第7行：为了输出1个字符“%”，在常量字符串中可用2个字符“%”表示。

重要知识点：

（1）浮点数的输入和输出。

（2）基本数学运算。

实验1.5　添加横线

任务描述：

在某些场合，为了美观或突出显示（如文章标题），需要给一行文本添加等长的上、下两条横线。为了简单起见，横线由英文连字符构成。所谓“等长”，是指连字符的个数与输入文本的字符个数相同。

输入：

一行英文文本。

输出：

在输入文本上、下分别输出与其等长的横线。横线是由连字符“-”构成。

输入举例：

Python programming is interesting.

输出举例：

```
----------------------------------
Python programming is interesting.
----------------------------------
```

分析：

输出的横线实际是由多个连字符构成的字符串，因此可以利用Python运算符“*”让指定字符串'-'重复若干次，次数由len()函数所求得的输入字符串长度来确定，如参考程序代码第2行所示。

参考程序代码：

```
1  text=input()
2  hLine='-'*len(text)
3  print(hLine)
4  print(text)
5  print(hLine)
```

重要知识点：

（1）len()函数求字符串长度。

（2）字符串的重复次数作为变量。

实验 1.6　圆柱的表面积

任务描述：

编写程序，求给定半径和高的圆柱的表面积。

输入：

两行，第 1 行为圆柱的半径，第 2 行为圆柱的高，均为正实数。

输出：

圆柱的表面积，保留 6 位小数。

输入举例 1：

2.3

4.5

输出举例 1：

98.269018

输入举例 2：

6

7

输出举例 2：

490.088454

分析：

根据圆柱的表面积计算公式 $S=2*$底面积+侧面积$=2\pi r^2+2\pi rh$，容易得到相应的计算表达式。

关于 π 的取值，最好使用 math 库提供的 π 常量，该值类型为浮点数类型。当然，π 的值也可以自己直接在程序中给定一个常量值，但因为 Python 的浮点数型数据最多能精确到 16 位有效数字，超出此精度范围的数据不能直接用 Python 的浮点数类型存储。

输出格式控制采用 print("%.nf"%var)。此语句中，n 为需要保留的小数位数，f 表示浮点数型数据(float)，var 表示存放了待输出的浮点数型数值的变量名，双引号中和之后的%都是该种方式输出时的语法所要求的。

参考程序代码：

```
1  import math
2  PI=math.pi
3  r=float(input())
4  h=float(input())
5  s=2*PI*r*r+2*PI*r*h
6  print("%.6f"%s)
```

〈说明〉

第 5 行：计算面积的语句还有其他写法，如 s=2*PI*r*(r+h)。

第 6 行：该输出语句的另一等价写法为 print("{:.6f}".format(s))。

重要知识点：

(1) 引用 math 库取得 π 常量。

(2) 简单数学公式的 Python 表达式写法。

(3) 利用%按指定位数保留小数的方式输出浮点数。

实验 1.7 三角形面积(已知三边成三角)

任务描述：

编写程序，求三边已知的三角形面积。

输入：

3 行，每行一个非负实数，分别表示三角形的 3 条边长。输入的边长数据应确保三边构成三角形。

输出：

三角形的面积，保留 6 位小数。

输入举例 1：

```
3
4
5
```

输入举例 2：

```
4.1
5.2
6.3
```

输出举例 1：

```
6.000000
```

输出举例 2：

```
10.609147
```

分析：

已知三边求三角形面积，可利用"海伦-秦九韶公式"。若三边长分别为 a,b,c，则三角形面积△$=\sqrt{s(s-a)(s-b)(s-c)}$，其中 $s=(a+b+c)/2$。

通过 input()函数接受输入的数字字符串后，需要调用 float()函数将字符串转换为浮点数型数值，才能进行后续的加、减、乘、除、开方等数学运算。

利用 math 库中的 sqrt()函数实现求平方根的功能。

参考程序代码：

```
1  import math
2  a=float(input())
3  b=float(input())
4  c=float(input())
5  s=(a+b+c)/2
6  area=math.sqrt(s*(s-a)*(s-b)*(s-c))
7  print("{:.6f}".format(area))
```

说明

第 7 行：此输出语句还可以写成 print("%.6f"%area)，效果相同。

重要知识点：

(1) math 库函数的调用。

(2) 数学公式转换为相应的 Python 表达式。

(3) 利用"{:.nf}".format()方式控制浮点数以保留 n 位小数的方式输出。

实验 1.8　星　期　几

任务描述：

我们经常需要知道若干天以后是星期几，以便安排活动日程表。通常的做法是查台历、挂历，或查手机、计算机提供的日历。现设计一个程序，已知某天是星期几，判断该天前或后第 k 天是星期几。

在此约定：0 表示星期天，1 表示星期一，2 表示星期二……依次类推；$k>0$ 表示该天后第 k 天，$k=0$ 表示当天，$k<0$ 表示该天前第 k 天。

输入：

两行，第 1 行为一个 0～6 的整数，第 2 行为一个任意整数。

输出：

输出一个整数，表示该天前/后第 k 天是星期几。

输入举例 1：

1
8

输出举例 1：

2

输入举例 2：

3
0

输出举例 2：

3

输入举例 3：

2
−4

输出举例 3：

5

分析：

众所周知，星期是以 7 天为周期的。假定当前日期的星期用变量 nowXQ 表示，那么当 nowXQ+k 为非负值时，表达式(nowXQ+k)%7 即可得到结果。也就是说，将当前星期值 nowXQ 加上以此天为基准的偏移天数 k，然后除以 7 取余数即可。但要考虑当 nowXQ+k 为负值时，它经过除以 7 取余运算后，结果也是负数，即当前星期值加上 k 之后也可能是负值，此时必须转换对应的星期值才正确。方法很简单，在(nowXQ+k)%7 值的基础上加 7 再除以 7 取余数即可，表达式为((nowXQ+k)%7+7)%7，此时不管 nowXQ+k 的值是正值还是负值，结果都正确。

参考程序代码：

```
nowXQ=int(input())
k=int(input())
print(((nowXQ+k)%7+7)%7)
```

重要知识点：

(1) 字符串类型转换为整数类型。

(2) 取余运算的灵活运用。

本章程序代码

第2章 快 速 上 手

实验 2.1 奇偶性判定

任务描述：

编写程序，判断给定的正整数的奇偶性。

输入：

一个整数。

输出：

如果该数是奇数，那么输出“odd”；如果该数是偶数，那么输出“even”。

输入举例 1：

4

输出举例 1：

even

输入举例 2：

12345

输出举例 2：

odd

分析：

利用 Python 的取余运算符“%”来判断奇偶性。根据该数取 2 的余数的值是 0 还是 1 来判断，若余数为 0，则该数为偶数；否则，为奇数。此逻辑直接利用 if-else 分支结构实现。

参考程序代码：

```
a=int(input())
if a%2==0:
    print("even")
else:
    print("odd")
```

重要知识点：

(1) 整数型数据的输入和数据类型的转换。

(2) 取余运算在奇偶性判断中的运用。

(3) if-else 分支结构的用法。

实验 2.2 比比谁年长

任务描述：

给定甲、乙两人的年龄，编写程序，确定谁比谁年长。

输入：

两行，每行一个非负整数，分别表示甲、乙的年龄。

输出：

若甲比乙年龄大，则输出“甲比乙年长”；若其年龄相同，则输出“甲乙同龄”；若甲比乙年龄小，则输出“乙比甲年长”。

输入举例 1：

18
17

输入举例 2：

19
20

输入举例 3：

21
21

输出举例 1：

甲比乙年长

输出举例 2：

乙比甲年长

输出举例 3：

甲乙同龄

分析：

input()函数接受输入数据返回的结果为字符串类型，而年龄应该是整数，因此要通过int()函数将输入字符串转换为整数型数值。

比较年龄的逻辑可直接利用 Python 中的 if-elif-else 多分支结构完成。具体的写法有多种。

参考程序代码(写法 1)：

```
a=int(input())
b=int(input())
if a>b:
    print("甲比乙年长")
elif a<b:
    print("乙比甲年长")
else:
    print("甲乙同龄")
```

参考程序代码(写法 2)：

```
a=int(input())
b=int(input())
if a>b:
    print("甲比乙年长")
elif a<b:
    print("乙比甲年长")
elif a==b:
    print("甲乙同龄")
```

参考程序代码(写法3):

```
a=int(input())
b=int(input())
if a>b:
    print("甲比乙年长")
if a<b:
    print("乙比甲年长")
if a==b:
    print("甲乙同龄")
```

参考程序代码(写法4):

```
a=int(input())
b=int(input())
if a>b:
    print("甲比乙年长")
else:
    if a<b:
        print("乙比甲年长")
    else:
        print("甲乙同龄")
```

重要知识点:

(1) if-else 分支结构的用法。

(2) if-elif-else 多分支结构的用法。

(3) 嵌套分支结构的用法。

思考题:

(1) 比较以上 4 种写法,哪些写法简洁高效? 哪些写法有多余的判断操作?

(2) 以下程序代码能否实现本编程任务的功能? 为什么?

```
a=int(input())
b=int(input())
if a>b:
    print("甲比乙年长")
if a<b:
    print("乙比甲年长")
else:
    print("甲乙同龄")
```

实验 2.3　决赛成绩排序

任务描述:

给定参加某运动会项目总决赛的 3 个运动员的成绩,编写程序,按从大到小的顺序输出 3 个运动员的成绩,以便决定冠、亚、季军。

输入:

3 行,每行一个非负整数,表示 3 个运动员的成绩。

输出:

3 行,每行一个成绩,成绩按降序排列。

输入举例 1:	输入举例 2:	输入举例 3:
13	20	5
9	19	5
12	8	38

输出举例 1:	输出举例 2:	输出举例 3:
13	20	38
12	19	5
9	8	5

分析:

因为 input()函数获取的输入数据返回的类型为字符串类型,所以在进行比较前,应将其转换为整数。虽然浮点数型的数字字符串也能比较大小,但结果可能不正确。例如,整数 12>整数 3,而字符串"12"<字符串"3"。

为了对输入的 3 个成绩数据按降序排列,在此提供以下两种实现方式。

方式 1:参与排序的只有 3 个数,将其降序排列的算法不难实现。将存放成绩的 3 个变量进行两两相比,执行形如 if x<y: x,y=y,x 的操作。如果变量 x 的值小于变量 y 的值,那么交换这两个变量的值。经过此操作后,确保了前一个变量(在此为 x)中存放的值总是大于等于后一个变量(在此为 y)中存放的值。经过 3 次这样的两两相比操作后,最后一定能确保 3 个变量的值是降序排列的,严格地讲,是非升序排列的。

语句 x,y=y,x 表示将 y,x 的两个值先取出来,然后分别赋值给变量 x,y。其效果是实现了交换两个变量 x,y 中的值。

交换两个变量的值也可以借助中间变量 t 实现。因此,语句 x,y=y,x 可用如下 3 个语句等价实现:

```
t=x
x=y
y=t
```

第 1 个语句 t=x 的含义是:将读取变量 x 的值存放到中间变量 t 中,其目的是在接下来对变量 x 的赋值操作之前,将变量 x 中的值复制到变量 t。

第 2 个语句 x=y 的含义是:将读取变量 y 的值存放到变量 x 中,这样使得变量 x 存放了交换前变量 y 的值。

第 3 个语句 y=t 的含义是:将读取中间变量 t 的值存放到变量 y 中,而 t 的值是交换前变量 x 的值,这样使得变量 y 存放了交换前变量 x 的值。

经过以上 3 个语句的操作后,变量 x 和变量 y 的值就相互交换了,从而变量 t 的使命完成,以后可弃之不用。

当然,以上 3 个语句也可以改写成如下形式:

t=y

y=x

x=t

方式 2:利用列表的 sort()函数实现列表元素按升序排列。对编程任务输出格式的具体实现有 3 种写法,如程序代码(方式 2)所示。

参考程序代码(方式 1):

```
1 a=int(input())
2 b=int(input())
3 c=int(input())
4 if a<b:a,b=b,a
5 if a<c:a,c=c,a
6 if b<c:b,c=c,b
7 print(a)
8 print(b)
9 print(c)
```

说明

第 1～3 行:按顺序分别接受 3 行输入,转换为整数后分别存放到变量 a,b,c 中。这 3 行语句可以合并写成如下语句:

a,b,c=int(input()),int(input()),int(input())

第 4 行:执行完本行语句后,确保了变量 a 的值大于等于变量 b 的值,即 a≥b。

第 5 行:执行完本行语句后,确保了变量 a 的值大于等于变量 b 和 c 的值,即 a≥b 且 a≥c。也就是说,a 的值是 3 个输入值中的最大者。

第 6 行:执行完本行语句后,确保了变量 b 的值大于等于变量 c 的值,即 b≥c。综合前面已经确保的 a≥b,所以必有 a≥b≥c。故在变量 a,b,c 中,3 个值是降序排列的。

当然,第 4、第 5、第 6 行语句都可以写成两行的形式。例如,第 4 行可写成如下形式:

```
if a<b:
    a,b=b,a
```

参考程序代码[方式 2(写法 1)]:

```
aList=[int(input()),int(input()),int(input())]
aList.sort()
print(aList[2])
```

续表

```
4 print(aList[1])
5 print(aList[0])
```

〔说明〕

第 1 行:实现数据输入,将字符串型数据转换为整数并初始化为 3 个元素的列表 aList。

第 2 行:实现对列表 aList 中元素的排序,默认升序排列。

第 3~5 行:按下标 2,1,0 的顺序(注意不是下标 0,1,2 的顺序)依次输出升序排序后的列表 aList 的元素,输出的效果为降序排列。

参考程序代码[方式 2 (写法 2)]:

```
1 aList=[None,None,None]
2 aList[0]=int(input())
3 aList[1]=int(input())
4 aList[2]=int(input())
5 aList.sort()
6 print(aList[2])
7 print(aList[1])
8 print(aList[0])
```

〔说明〕

在此写法中,先建立包含 3 个空对象的列表,再逐个输入数据并赋值给列表元素。

参考程序代码[方式 2 (写法 3)]:

```
1 aList=[int(input()),int(input()),int(input())]
2 aList.sort()
3 aList.reverse()
4 print(aList[0])
5 print(aList[1])
6 print(aList[2])
```

〔说明〕

在此写法中,第 3 行将升序排列后的列表 aList 中的元素倒序,得到了倒序排列的列表。因此,在第 4、第 5、第 6 行输出元素时,直接按下标 0,1,2 的顺序输出列表 aList 的元素即可。

重要知识点:

(1) 3 个数排序的逻辑实现。

(2) 交换两个变量的值的用法。

(3) 列表元素的访问。

实验 2.4 倒计时

任务描述:

每逢重大活动,在活动开始前都会采用倒计时,如奥运会开幕倒计时、高考倒计时、火箭发射点火倒计时等。这在引起大家的关注、集中注意力、警示合理安排时间等方面,起到了很好的作用。编程模拟倒计时。

输入:

一个整数 n($0 \leqslant n \leqslant 100$),要求从 n 开始倒计时。

输出:

$n+1$ 行,其中最后一行输出"go!"。

输入举例 1:

5

输出举例 1:

5
4
3
2
1
go!

输入举例 2:

3

输出举例 2:

3
2
1
go!

输入举例 3:

0

输出举例 3:

go!

分析:

在此提供实现本编程任务的两种写法。

写法 1:设倒计时的次数变量名为 n,循环变量名为 i,用语句 for i in range(n):进行循环,循环变量 i 的取值是从 0 到 n−1。这样,输出表达式 n−i 就能实现本任务的输出要求。

写法 2:设倒计时的次数变量名为 n,循环变量名为 i,用语句 for i in range(n,0,−1):进行循环,循环变量 i 的取值是从 n 到 1。这样,输出表达式 i 就能实现本任务的输出要求。

参考程序代码(写法 1):

```
n=int(input())
for i in range(n):
    print(n-i)
print('go!')
```

参考程序代码(写法 2):

```
n=int(input())
for i in range(n,0,-1):
```

续表

3	print(i)
4	print('go!')

重要知识点：

（1）range()函数的用法。

（2）循环 for…in…与 range()函数的配合。

实验 2.5　温度单位转换

任务描述：

温度的刻画有两个不同体系：摄氏度（Celsius）和华氏度（Fahrenheit）。编写程序，将用户输入的华氏度转换为摄氏度，或将输入的摄氏度转换为华氏度。

转换算法如下：（C 表示摄氏度，F 表示华氏度）

$C=(F-32)/1.8$

$F=C*1.8+32$

输入、输出的摄氏度采用大写字母 C 结尾，其数值可以是整数或小数，如 12.34C 指 12.34摄氏度（其华氏度为 54.21F）。

输入、输出的华氏度采用大写字母 F 结尾，其数值可以是整数或小数，如 87.65F 指 87.65华氏度（其摄氏度为 30.92C）。

输入：

一个摄氏度或华氏度。

输出：

相应的华氏度或摄氏度，保留 2 位小数。

输入举例 1：

12.34C

输入举例 2：

87.65F

输出举例 1：

54.21F

输出举例 2：

30.92C

分析：

先通过 input()函数获得输入，得到返回值为字符串。再对此字符串通过列表的切片操作分别获得温度数值和表示温度单位的字母。最后判断该字母是否为“C”，若是，则将温度值转换为华氏度并输出；否则，将温度值转换为摄氏度并输出。

因为温度值为小数，为了控制输出的小数点位数，在此使用了如下输出格式控制：

print("%.2fF"%F)

它表示变量 F 的值按保留 2 位小数的方式输出，并且在数值后输出字母“F”。在此语句中，双引号中的 F 为字母本身，输出时它保持原样，而紧跟“%”后的 F 表示变量 F，输出的是它的值。

同理，语句 print("%.2fC"%C)表示变量 C 的值按保留 2 位小数的方式输出，并且在数值后输出字母“C”。在此语句中，双引号中的 C 为字母本身，输出时它保持原样，而紧跟“%”后的 C 表示变量 C，输出的是它的值。

参考程序代码：

```
1  temp=input()
2  t=float(temp[:-1])
3  unit=temp[-1]
4  if unit=="C":
5      F=t*1.8+32
6      print("%.2fF"%F)
7  else:
8      C=(t-32)/1.8
9      print("%.2fC"%C)
```

说明

保留 2 位小数的输出方式还有其他写法。例如，可将上述代码的第 6 行和第 9 行分别改为如下写法，输出效果等价。

```
print("{:.2f}F".format(F))
print("{:.2f}C".format(C))
```

重要知识点：

(1) 利用切片操作实现对输入字符串的解析。

(2) if-else 分支结构。

(3) 字符串的比较运算。

(4) 浮点数的输出格式控制。

实验 2.6　表达式求值(三变量)

任务描述：

给定 3 个变量 a,b,c 的值和一个关于 a,b,c 的任意遵循 Python 语法的算术表达式，编写程序，求该表达式的值。

输入：

4 行。前 3 行，每行一个实数，分别为变量 a,b,c 的值。第 4 行为一个关于 a,b,c 的 Python 算术表达式。

输出：

算术表达式的值。结果保留 6 位小数。

输入举例 1：

```
1.1
2.2
3.3
(a+b)**2-c/a
```

输入举例 2：

```
3.24
5
6.7
(c-a)*(b+c)-(a+b)/(b-c)
```

输出举例 1：

7.890000

输出举例 2：

45.329059

分析：

对于通过 input()函数输入的 3 个数值，其类型是字符串类型，可以通过 eval(input())函数转换为相应的数值型，并且分别赋值给变量 a，b，c。对于算术表达式，还是通过 eval(input())函数将该表达式按 Python 语法进行计算并得到结果，最后按保留 6 位小数的方式输出。

注意：接受输入的 3 个值的变量名称必须与待求值表达式中的变量名一样。

参考程序代码：

```
a=eval(input())
b=eval(input())
c=eval(input())
result=eval(input())
print("%.6f"%result)
```

重要知识点：

（1）eval()函数在 Python 算术表达式求值中的用法。

（2）浮点数的输出格式控制。

实验 2.7　成绩的简单统计

任务描述：

给定某次考试后的若干个学生的成绩数据，编写程序，输出最高分、最低分、平均分和及格率。

输入：

一行表示若干个学生的成绩。成绩为小于等于 100 的非负整数，数据之间用一个空格分隔。

输出：

4 个数据，各占一行。4 个数据分别为学生成绩的最高分、最低分、平均分和及格率。平均分保留 2 位小数，及格率用百分比表示并且保留 2 位小数。

输入举例：

9　73　91　52　8　99　64　100　75　82　89

输出举例：

100

8

67.45

72.73%

分析：

首先，对于一行输入数据利用 input()函数返回一个字符串，紧接着调用字符串的 split()函数将字符串按空格切分为字符串列表。

其次，通过循环将包含数值的字符串列表元素转换为整数并存放到新列表中。利用同一个循环，顺带统计及格人数。

再次，利用 Python 内置函数 max()获得列表元素的最大值、min()获得列表元素的最小值、len()获得列表元素的个数、sum()获得列表元素的和值。

最后，按照输出格式要求，输出最高分、最低分、平均分和及格率。

参考程序代码：

```
strScores=input().split()
passed=0
intScores=[]
for aStrScore in strScores:
    aIntScore=int(aStrScore)
    if (aIntScore>=60):
        passed+=1
    intScores.append(aIntScore)

print(max(intScores))
print(min(intScores))
stuNums=len(intScores)
avg=sum(intScores)/stuNums
print("{0:.2f}".format(avg))
passRate=passed/stuNums
print("{0:.2f}%".format(passRate*100))
```

以上程序还有一种简洁写法供参考，程序代码如下：

```
strScores=input().split()
intScores=[int(e) for e in strScores]
print(max(intScores))
print(min(intScores))
stuNums=len(intScores)
avg=sum(intScores)/stuNums
print("{0:.2f}".format(avg))
```

续表

8	`passed=sum([e>=60 for e in intScores])`
9	`passRate=passed/stuNums`
10	`print("{0:.2f}%".format(passRate*100))`

说明

新知识点为列表解析式(list comprehensions),具体用法可查阅相关资料。在此有两处利用了列表解析式:其一,实现了将字符串型元素的列表转换为整数型元素的列表,如第 2 行代码所示;其二,从成绩列表中得到及格人数,如第 8 行代码所示,其做法是先根据成绩列表得到一个元素值为 0,1 的与成绩列表元素对应的新列表,0 和 1 分别表示不及格和及格,再将此新列表的元素求和,从而得到的和值就是及格人数。

重要知识点:

(1) 字符串的 split()函数的用法。

(2) 利用计数变量统计及格人数。

(3) 列表的初始化和利用列表的 append()函数在其末尾追加元素。

(4) 用循环 for…in…遍历列表元素。

(5) 最大值、最小值、平均值、及格率的计算。

(6) 百分数的输出。

实验 2.8 尊姓大名

任务描述:

给定一个中文人名的拼音,编写程序,分别输出他(她)的姓和名。为了简单起见,在此约定:①每个名字都由姓和名两部分构成,姓在前,名在后,姓和名之间用一个空格分隔,名中可有多个空格;②如果是复姓,那么姓的拼音之间没有空格。

输入:

第 1 行有正整数 n,表示测试用例个数。其后 n 行,每行一个名字。

输出:

每个测试用例输出两行。格式参见输出举例。

输入举例:

```
2
Wang Xiao Ming
Ouyang Zheng Hua
```

输出举例:

```
Lastname:Wang
Firstname:Xiao Ming
Lastname:Ouyang
Firstname:Zheng Hua
```

分析：

实现本编程任务的关键是将输入的姓名字符串拆分为姓和名两部分。根据任务描述中的姓名的规则可知，只要找到姓名字符串中的第1个空格所在位置，再将列表按此位置切片成两部分，前半部分为姓，后半部分为名。当然，切分处的空格不在切分后的姓或名中。

参考程序代码：

```
n=int(input())
for i in range(n):
    xm=input()
    k=xm.index(" ")
    print("Lastname:"+xm[:k])
    print("Firstname:"+xm[k+1:])
```

重要知识点：

(1) 字符串的 index()函数的用法。

(2) 字符串的切片操作。

(3) 循环次数为 n 的 for 循环结构的用法。

实验 2.9 点与区间的位置关系

任务描述：

对于数轴上给定的点 x 和区间$[a,b]$，编写程序，判断该点是在区间之内还是在区间之左或右。在此约定：如果点 x 正好在区间的左右端点上，也认为点 x 在区间$[a,b]$之内。

输入：

3 个整数，分别表示 x,a,b，其中 $a<b$。

输出：

若点在区间之左，则输出“left”；若点在区间之内，则输出“middle”；若点在区间之右，则输出“right”。

输入举例 1：	输入举例 2：	输入举例 3：	输入举例 4：
2 13 24	17 5 6	8 4 38	16 2 16
输出举例 1：	**输出举例 2：**	**输出举例 3：**	**输出举例 4：**
left	right	middle	middle

分析：

输入的数据最终应该转换为整数型数据，以便数据能按整数的意义进行大小比较。虽然字符串型数据也能比较大小，但字符串比较大小的方式和整数比较大小的方式是不一样的。字符串型数据是按字典序的比较方式比较大小的，即按从左到右逐个字符比较其编码(英文字符比较其 ASCII 码，汉字比较其中文编码)的大小，而整数则是按其数值比较大小的。因此，必须将字符串型数据转换为整数型数据后才能实现正确的比较运算。

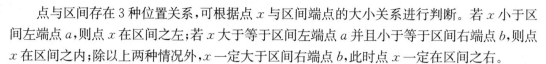

点与区间存在 3 种位置关系，可根据点 x 与区间端点的大小关系进行判断。若 x 小于区间左端点 a，则点 x 在区间之左；若 x 大于等于区间左端点 a 并且小于等于区间右端点 b，则点 x 在区间之内；除以上两种情况外，x 一定大于区间右端点 b，此时点 x 一定在区间之右。

显然，此为三分支的逻辑，它可有多种写法。既可以用 if-elif-else 多分支结构实现，如程序代码(写法 1)所示，也可以用 3 个独立的 if 语句实现，如程序代码(写法 2)所示。

参考程序代码(写法 1)：

```
1  x,a,b=input().split()
2  x,a,b=int(x),int(a),int(b)
3  if x<a:
4      print("left")
5  elif x<=b:
6      print("middle")
7  else:
8      print("right")
```

说明

第 1 行：通过 input()函数获得输入后，x，a，b 这 3 个按空格分隔的数据被当作一个字符串。紧接着调用字符串的 split()函数，将 3 个数据以空格作为分隔拆分为字符串的列表，再将此列表的元素分别赋值给变量 x，a，b。此时，变量 x，a，b 的值都是字符串型数据，不是整数型数据。

第 2 行：将字符串型变量 x，a，b 的值转换为相应的整数型数据，以便其后的比较能按整数的方式比较大小，而不是按字符串的方式比较大小。

第 3～8 行：if-elif-else 多分支结构。注意 if 和 elif 语句中条件表达式的写法。对于第 5 行 elif 语句中的条件表达式，没有必要写成 x>=a and x<=b。因为 if-elif-else 多分支结构保证了当程序执行到第 5 行时，一定有 x>=a 成立。同理，第 7 行 else 分支语句也没有必要写成 elif x>a。

参考程序代码(写法 2)：

```
x,a,b=input().split()
x,a,b=int(x),int(a),int(b)
if x<a:
    print("left")
if x>=a and x<=b:
    print("middle")
if x>b:
    print("right")
```

说明

第 3～8 行：3 个独立的 if 语句。在这种写法下，第 5 行 if 语句的条件表达式必须写成 x>=a and x<=b，不能写成 x<=b。同理，第 7 行的语句 if x>b：也不能改为 else：。

重要知识点：

(1) 用一个赋值语句给多个变量赋值的方法。

(2) 多分支结构的用法。

(3) 复合条件的 Python 表达。

思考题：

在此编程任务中，两种程序代码写法都能达到相同的目的，但这两种写法的分支语句的执行过程是不相同的。请读者自己绘制这两种写法的程序流程图，并对比两者的异同。

实验 2.10　长小数比大小

任务描述：

给定两个长小数，比较两者大小，编程实现。在此，长小数的整数部分和小数部分均最长有 100 位。

输入：

两行，第 1 行表示小数 *a*，第 2 行表示小数 *b*。输入的小数 *a*，*b* 可能有前导 0 和末尾 0，并且可能是正小数或负小数。

输出：

按照实际数值的大小关系，分别输出“a>b”“a<b”“a==b”。

输入举例 1：

001122334455.667788990
1122334455.66778899

输出举例 1：

a==b

输入举例 2：

1234567890.1234567890
1234567890.1234567800

输出举例 2：

a>b

输入举例 3：

12345678901234567000.1
12345678901234567890.1

输出举例 3：

a<b

输入举例 4：

9876543210123456789.1
9876543210123456789.0

输出举例 4：

a>b

输入举例 5：

0012345678901234567 89.010
1234567890123456789.00100

输出举例 5：

a>b

输入举例 6：

09876543210123456789.01
9876543210123456789.010

输出举例 6：

a==b

输入举例 7：

－1234567890.12345

－1234567890.123450000

输出举例 7：

a＝＝b

输入举例 8：

－1234567890.1234500000

－1234567890.123456789

输出举例 8：

a＞b

分析：

最容易想到的办法是：先将输入数据通过 float()函数转换为浮点数型数据，然后进行比较。程序代码如下：

```
a=float(input())
b=float(input())
if a>b:
    print("a>b")
elif a<b:
    print("a<b")
else:
    print("a==b")
```

然而，若采用以上程序，输入举例 2、3、4 的结果都是“a＝＝b”，这显然不正确。原因是 Python 中的浮点数类型只能精确到 16 位有效数字，当输入数据有效数字长度超过 16 位时，结果可能错误。

解决办法是：将输入数据以小数点为界分为整数的字符串和小数的字符串两个部分，把这两个部分的值当作整数型数值分别处理，并按特定规则比较大小。

因此，原问题(比较两个长小数 a,b 的大小)转换为：先比较 a,b 的整数部分，如果整数部分不相等，那么 a,b 的大小就已见分晓；如果 a,b 的整数部分相等，那么进一步根据整数部分是否非负并结合小数部分大小来判断。若整数部分相等且非负，则小数部分值大者最终结果大，小数部分值小者最终结果小。若整数部分相等且为负数，则小数部分值大者最终结果小，小数部分值小者最终结果大。

对于整数部分，前导 0 可以去掉，但末尾 0 是有意义的。整数部分字符串的前导 0 在利用 int()函数转换为整数型数值时，会自动被丢弃，正好能满足要求。但是对于小数部分字符串而言，其前导 0 是有意义的，而末尾 0 应该去掉。因此，不能将小数部分字符串当作整数型数据处理，只能当作字符串型数据处理，并且必须在进一步去掉末尾的连续 0 之后，小数部分按字符串方式的大小比较结果才能与按数值方式比较结果一致。

为去掉字符串末尾 0，在此采用 while 循环语句，找到末尾连续 0 的起始位置后，通过切片操作将末尾 0 去除。

参考程序代码：

```
aInt, aDec=input().split(".")
aInt=int(aInt)
```

续表

```
3   k=len(aDec)-1
4   while k>0 and aDec[k]=='0':  k-=1
5   aDec=aDec[:k+1]
6
7   bInt, bDec=input().split(".")
8   bInt=int(bInt)
9   k=len(bDec)-1
10  while k>0 and bDec[k] == '0':  k-=1
11  bDec=bDec[:k+1]
12
13  if aInt>bInt:  print("a>b")
14  elif aInt<bInt:  print("a<b")
15  elif aInt>=0 and aDec>bDec:  print("a>b")
16  elif aInt>=0 and aDec<bDec:  print("a<b")
17  elif aInt<0 and aDec>bDec:  print("a<b")
18  elif aInt<0 and aDec<bDec:  print("a>b")
19  else:  print("a==b")
```

说明

第1~5行:处理第1个输入小数。

第1行:将第1个输入小数从小数点处拆分的整数部分和小数部分,分别存放到变量aInt,aDec中。变量aInt和aDec均为字符串类型。

第2行:将存放在变量aInt中的字符串型数据转换为整数型数据后存放到变量aInt中。因此,变量aInt为整数类型,其中存放了输入小数的整数部分。

第3行:得到字符串aDec的长度,即输入小数的小数部分长度。变量k将用来存放变量aDec中末尾连续0的起始位置。

第4行:利用while循环语句,在字符串aDec中,从末尾开始找,找到末尾连续0的起始位置k。此循环变量k值每循环一次自减1,从右到左扫描,一旦遇到第1个非0元素,本while循环将结束。本循环结束后,变量k的值指示了字符串aDec末尾连续0的起始位置。

第5行:利用得到字符串aDec末尾连续0起始位置k对字符串aDec进行切片,将末尾连续0切除掉。注意:此处切片区间的终点为k+1,而不是k,因为切片区间是左闭右开的。

第7~11行:处理第2个输入小数,与第1~5行处理第1个输入小数类似。

第13~19行:if-elif-…-elif-else多分支结构。该结构的特点是:多个分支的测试顺序是从上往下的,一旦某个分支的条件满足则执行该分支的语句块,然后跳到整个if-elif-…-

elif-else 多分支结构后的语句处继续往下执行。因此，当程序执行至第 13 行时，若 aInt＞bInt 成立，则输出"a＞b"，然后跳出此分支结构。当程序执行至第 14 行时，意味着此时 aInt＜＝b 必成立。当程序执行到第 15、第 16、第 17、第 18 行时，意味着此时 aInt＝＝bInt 必成立，即两个长小数的整数部分的值相同。因此，两个长小数的大小取决于整数部分的符号与小数部分的大小。利用“if-elif-…-elif-else”多分支结构的特点，实现如下逻辑：只有当整数部分值相等时才有必要进一步判断整数部分的符号与小数部分的大小。

需要特别注意的是：第 13～14 行变量 aInt 与 bInt 的比较是整数型数据的比较。而第 15～18 行变量 aDec 与 bDec 的比较是字符串型数据的比较。

当然，对于第 13～19 行输出结果为“a＞b”“a＜b”“a＝＝b”3 种情况的多分支结构，可以合并输出结果相同的分支。例如，将输出结果为“a＞b”的第 13 行与第 15 行的两个分支合并，判断条件改为 if aInt＞bInt or (aInt＝＝bInt && aDec＞bDec)。还可将输出结果“a＜b”的第 14 行与第 16 行的两个分支合并，判断条件改为 elif aInt＜bInt or (aInt＝＝bInt && aDec＜bDec)。显然，这样合并后，第 19 行 else 分支语句不用改，逻辑仍然正确。

重要知识点：

(1) 对浮点数型数据的存储和取值范围的认识。

(2) 将浮点数型数据按字符串进行解析，拆分为整数部分和小数部分。

(3) 字符串末尾连续 0 起始位置的确定。

(4) 切片操作的运用。

(5) 整数比较和字符串比较方式的区别。

实验 2.11　绘制五角星

任务描述：

编写程序，绘制给定边长和线宽的五角星。线条颜色为红色，五角星无填充颜色。

输入：

两行，每行一个正整数，分别表示五角星的边长和线宽，单位为像素。

输出：

在窗口中绘制给定边长和线宽的五角星。线条颜色为红色，五角星无填充颜色。

输入举例 1：

200

5

输出举例 1：

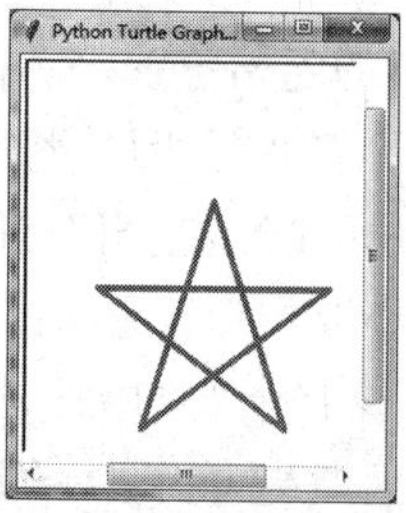

输入举例 2：

50

5

输出举例 2：

分析：

五角星的绘制可利用 turtle 库中的函数绘制线条和控制前进方向来完成。例如，绘制线条可利用 turtle 库中的 forword(线长值)函数画线，实现在当前前进方向下绘制长度为线长值的直线。forword()函数名也可写成 fd()。改变前进方向通过调用 right(角度值)函数、left(角度值)函数来实现。角度值为正，表示顺时针方向；角度值为负，表示逆时针方向。turtle 绘制的初始方向为水平向右，初始位置为画布的中心。

五角星绘制过程的几何分析如图 2.1 所示。

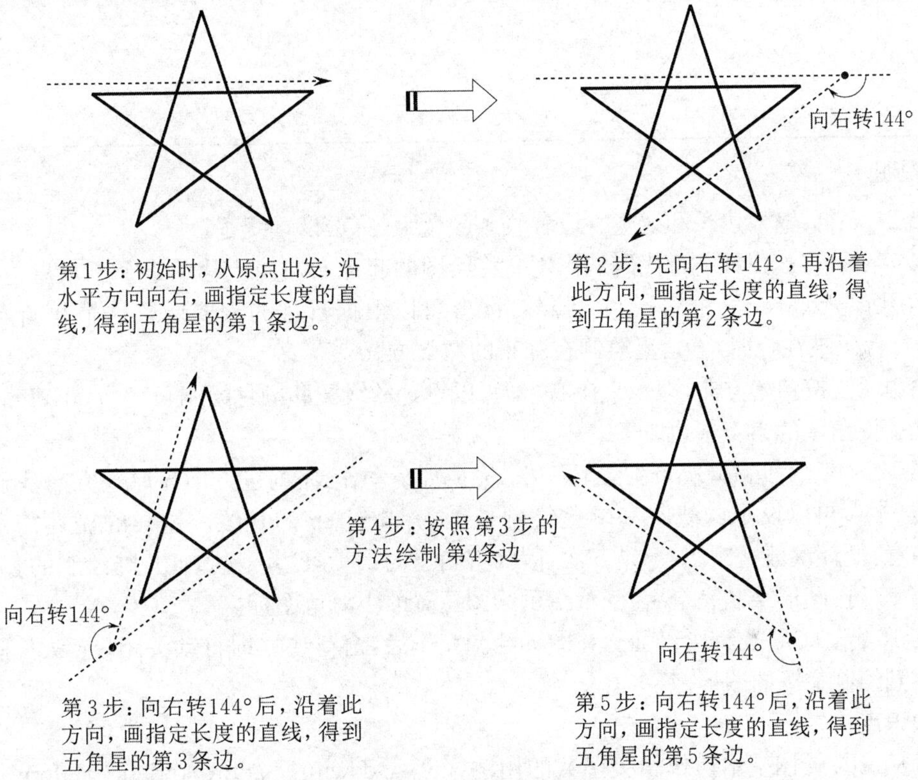
向右转144°
第1步：初始时，从原点出发，沿水平方向向右，画指定长度的直线，得到五角星的第1条边。
第2步：先向右转144°，再沿着此方向，画指定长度的直线，得到五角星的第2条边。
第4步：按照第3步的方法绘制第4条边
向右转144°
第3步：向右转144°后，沿着此方向，画指定长度的直线，得到五角星的第3条边。
向右转144°
第5步：向右转144°后，沿着此方向，画指定长度的直线，得到五角星的第5条边。

图 2.1　五角星绘制过程的几何分析

参考程序代码：

```
import turtle
edgeLen=int(input())
lineWidth=int(input())
turtle.pencolor("red")
turtle.pensize(lineWidth)

#turtle.up()
#turtle.goto(-edgeLen/2,edgeLen/2)
#turtle.down()
```

续表

```
10 turtle.forward(edgeLen)
11
12 for i in range(4):
13     turtle.right(144)
14     turtle.forward(edgeLen)
15 turtle.hideturtle()
16 turtle.done()
```

说明

第 2～5 行：输入边长和线宽。设置线条颜色为红色，设置线宽。

第 7～9 行：被注释 3 行代码的作用是将绘图的起点向左向上移动半个五角星边长，使绘制的图形摆到画布的中间一些。当然，读者可以根据自己的需要调整这个起始点的位置。3 行代码被注释时，五角星绘制在画布的右下方。

第 10 行：按初始方向，即水平向右方向，以设定的线宽和颜色绘制长度为 edgeLen 的直线。此为五角星的第 1 条边。

第 12～14 行：此 for 循环每循环一次，完成如下动作：将前进方向在原来方向基础上向右旋转 144°，再以设定的线宽和颜色绘制长度为 edgeLen 的直线。这样的循环需要做 4 次。注意：循环次数是 4 次，不是 5 次，因为五角星的第 1 条边不是按此规律绘制的。

第 15 行：图形绘制完毕后，隐藏指示绘图位置的小海龟图标。

第 16 行：如果没有此行代码，在图形绘制完毕后，窗口将立即自动关闭，导致不能很好地观察到绘制完毕的图形。

重要知识点：

(1) turtle 绘图基本操作相关函数的用法：up()，down()，goto()，right()，forward()，pencolor()，pensize()，hideturtle()，done()等。

(2) 图形的几何分析与 turtle 绘图过程的实现。

(3) 循环结构在绘图中的运用。

实验 2.12　固定转角边长递增的奇妙图形

任务描述：

给定每次转角的角度、边长每次递增的长度以及迭代的次数，按规定动作绘制图形，编程实现。在此约定绘图动作：先以当前方向为基准向右转指定角度，再绘制长度按给定增量递增的直线，如此循环给定次数。边长初始长度为 0。

输入：

3 行，每行一个正实数，分别表示每次转角的角度、边长每次递增的长度以及迭代的次数。转动角度和递增长度值可以为小数，迭代次数必为整数。

输出：

相应的图形。

输入举例 1：

145

5

74

输出举例 1：

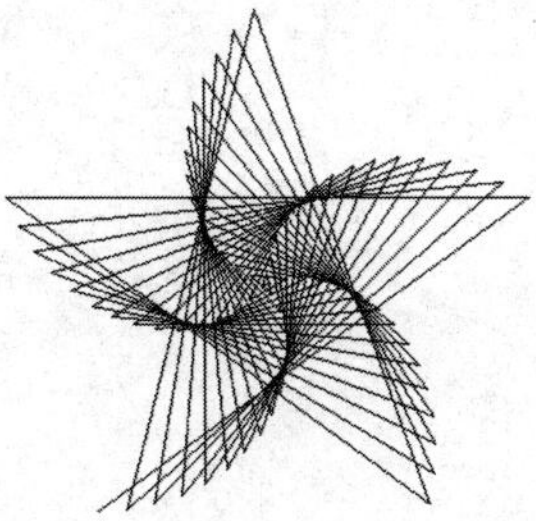

输入举例 2：

120

5

60

输出举例 2：

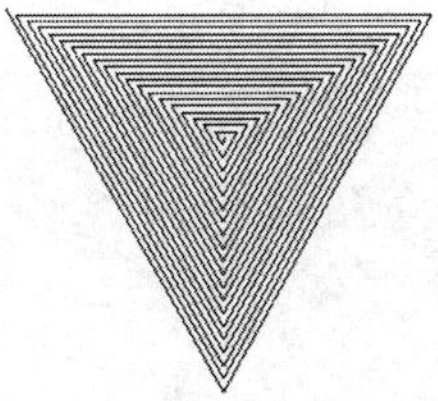

输入举例 3：

90

5

60

输出举例 3：

输入举例 4：

60

3

60

输出举例 4：

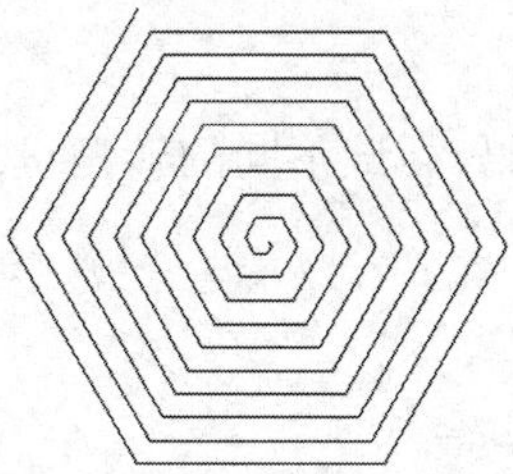

输入举例 5：

45

2

60

输出举例 5：

输入举例 6：

160

5

60

输出举例 6：

输入举例 7：

170

5

60

输出举例 7：

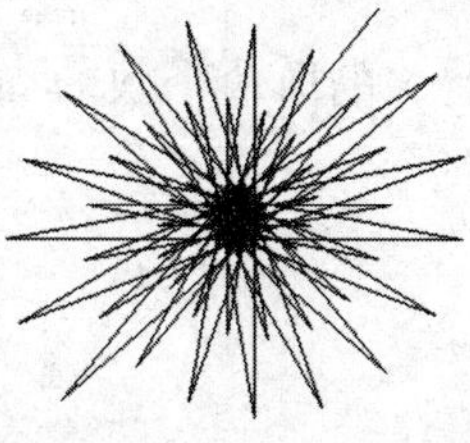

输入举例 8：

98

1.5

350

输出举例 8：

输入举例 9：

74.5

2

104

输出举例 9：

分析：

用 turtle 库中的绘图函数实现任务描述的绘图动作即可。

参考程序代码：

```
import turtle as tt
theta= float(input())
delta=float(input())
times=int(input())
for i in range(times):
    tt.forward(delta*i)
    tt.right(theta)
tt.hideturtle()
tt.done()
```

重要知识点：

（1）turtle 绘图基本操作。

（2）理解绘图参数的几何意义。

（3）循环结构在绘图中的运用。

思考题：

（1）你还能通过调整输入的 3 个参数值得到有趣的图形吗？

（2）如果边长不是从 0 递增，而是采用固定长度，请自己修改代码，尝试不同的转角、边长和循环次数，会产生什么样的图案呢？

实验 2.13　绘制正弦曲线

任务描述：

给定正弦函数 $y=A\sin x$ 的振幅 A，其中 $x\in[-2\pi,2\pi]$。x 的取值个数为 $2n$，绘图时，x 轴向的放大倍数为 xScale。也就是说，绘制函数 $y=A\sin x$ 在区间$[-2\pi,2\pi]$上的曲线就是这 $2n$ 个点连成的图像。编程实现绘制这样的正弦曲线。

输入：

3 行，每行一个数据，分别表示正弦函数的振幅、区间$[-2\pi,2\pi]$上 x 的取值个数、x 轴向的放大倍数。

输出：

绘制指定的正弦曲线图。

输入举例 1：

100

40

50

输入举例 2：

100

8

50

输出举例 1:

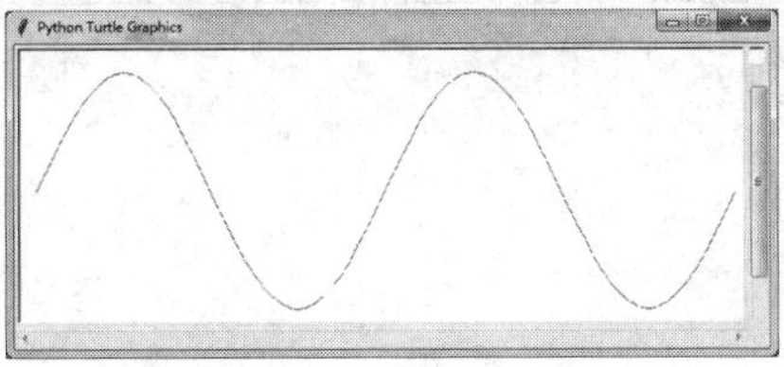

输出举例 2:

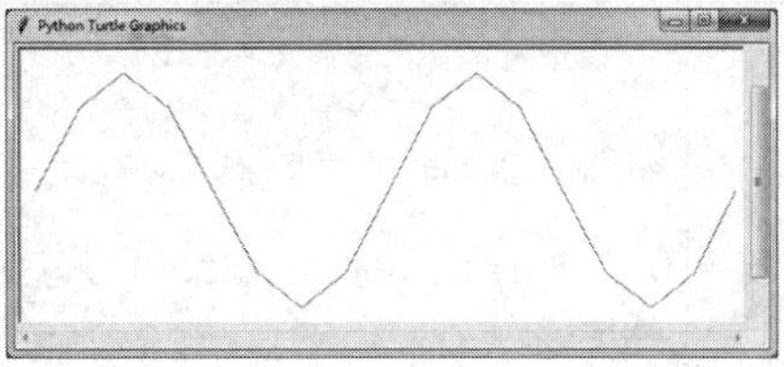

分析:

绘制曲线图像实质上是通过绘制一系列折线来实现的,与我们手工作图时取点连线的方式类似。当取点足够多,折线足够短时,曲线看上去就足够平滑。因此,输入参数中的 n 值越大,取点越密集,曲线就越精细。这可以从输入举例 1 和 2 的输出结果中看出。

x 轴向的放大倍数 xScale 的含义是:在画布上对曲线进行绘制时,将正弦函数中 x 取值放大的倍数。如果不将其放大,而直接绘制到画布上,那么其取值为$[-2\pi,2\pi]$,变化范围太小,不能有效地展示出正弦曲线,如图 2.2 所示。

图 2.2 未放大倍数的正弦曲线

需要注意的是:在程序中,对 x 值的放大不是在计算函数值时进行,而是在绘制曲线时对画布中的 x 值所对应的画布 x 坐标进行放大。

正弦函数可用 math 库中的 sin(x)函数。注意:此处 x 值的单位是 rad,不是度。

利用 turtle 库中的 goto(x,y)函数实现从当前位置所在的点画一条连线到画布坐标为(x,y)的点。在下一步中,点(x,y)就成为了当前位置所在的点。因此,画折线的过程变得简单,只需要循环执行语句 turtle. goto(x,y)。每循环一次修改 x,y 值,就能得到一条连线。参数 n 的值越大,循环的次数越多,连线越多,画出的曲线越光滑。turtle 画布的原点(0,0)在画布的中心。

参考程序代码:

```
import turtle
import math

A=float(input())
n=int(input())
xScale=float(input())

delta=2*math.pi/n
turtle.up()
turtle.goto(-xScale*2*math.pi,0)
turtle.down()

for i in range(-n,n+1):
```

续表

```
14      x=i *delta
15      y=A *math.sin(x)
16      turtle.goto(x *xScale,y)
17
18  turtle.hideturtle()
19  turtle.done()
```

说明

第 1～2 行：导入 turtle 库，实现其后的绘图操作。导入 math 库，其提供 π 常量math. pi 和 math. sin()函数。

第 4～6 行：接受用户输入的 3 个参数。第 1 和第 3 个参数都是实数，用 float()函数进行转换。而第 2 个参数是整数，应该用 int()函数进行转换。

第 8 行：计算 x 的单位增量，即 2 * math. pi/n。

第 9～11 行：将绘图的初始位置从画布原点(0,0)处移动到点(－xScale * 2 * math. pi，0)处，该点对应正弦函数曲线的点(－2π,0)。在此应注意：画布上的 x 坐标需要将对应曲线上点的 x 值放大 xScale 倍。

第 13～16 行：for 循环结构。每循环一次确定一个正弦曲线上的点，并且绘制连接当前位置点到这个点的一条直线。下次循环时，这个点就成为了当前位置点。注意：表示区间的 range()函数的第 2 个参数是 n+1，不是 n。因为绘图区间是[－2π,2π]，所以循环变量 i 的取值范围应该是[－n,n]。

第 18 行：绘图完成后隐藏小海龟图标。

第 19 行：防止绘图窗口关闭。

重要知识点：

(1) turtle 绘图操作。

(2) 曲线的绘制实际上是用折线来绘制的。

(3) 循环结构在正弦函数图形绘制中的运用。

思考题：

x 坐标的放大倍数 xScale 的不同取值对最后输出的正弦曲线图有何影响？

本章程序代码

第 3 章　基本数据类型

实验 3.1　组合数计算

任务描述：

经典组合问题是：一个盒子里装有 n 个球，每个球颜色都不同，从盒子中抽取 m 个球（$0 \leqslant m \leqslant n$），得到的 m 个球的颜色有多少种不同的组合呢？编程计算。例如，盒子里有 3 个球，颜色分别为红、绿、蓝，随机抽取两个球，颜色组合有 3 种：红绿、红蓝、绿蓝。

输入：

两行，每行一个非负整数，分别表示 n 和 m，其中 $m \leqslant n$。

输出：

组合数。

输入举例 1：

15

11

输出举例 1：

1365

输入举例 2：

10000

1

输出举例 2：

10000

输入举例 3：

10000

5000

输出举例 3：

1591…9120(共 3009 位)

分析：

组合数的计算公式为 $C_n^m=\dfrac{n!}{m!(n-m)!}$。阶乘的计算可以调用 math 库中的 factorial()函数。

Python 语言的一个有趣特性是：虽然 Python 支持的浮点数(通常可理解为小数)最多只能精确到 16 位有效数字，但是 Python 支持大整数运算，大整数的位数可以上亿位甚至更大。当然，整数值越大，运算速度越慢。

由组合数计算公式可知，分子为 $n!$，分母为 $m!(n-m)!$，结果一定是整数。也就是说，分子一定能被分母整除，从而此处分子除以分母用整除运算符“//”。

参考程序代码：

```
1  from math import factorial as fct
2  n=int(input())
3  m=int(input())
4  print(fct(n)//(fct(m)*fct(n-m)))
```

说明

第 1 行：导入 math 库中的阶乘函数 factorial()，并且对 math.factorial()函数的引用名重命名为 fct。在其后的程序中引用 math.factorial()时可用 fct()代替，使代码变得简洁。

第 2～3 行：获得输入的 n，m，并转换为整数型数值。

第 4 行：在此应该注意两点：

其一，采用了整除运算符“//”，而不是除法运算符“/”。因为组合数一定是整数，分子一定能被分母整除。此外，运算符“/”会将得到的结果转换为浮点数型数据，因此即使其运算得到的结果是整数，末尾也会带“.0”，如 4/2 的结果是 2.0，这并非我们想要的效果。

其二，分母的最外层的左右括号是必须输入的。否则，组合数的计算表达式就成为 fct(n) // fct(m) * fct(n－m)。此时，因为运算符“//”与“*”的优先级相同，所以程序会按先左后右的顺序计算，这显然不正确。

重要知识点：

(1) 导入库的特定函数并重命名。

(2) math 库中的阶乘函数 factorial()在组合数计算中的应用。

(3) 整除运算符的运用。

实验 3.2　验证欧拉公式

任务描述：

欧拉公式是数学中最奇妙的公式之一：对于任意实数 x，有 $e^{ix}=\cos x+i\sin x$ 成立，其中 e 为自然常数，i 为虚数单位。

此公式的奇妙之处在于：它将自然常数 e、虚数单位 i、指数函数和三角函数建立了等式关系。当 x 取值 π 时，有 $e^{i\pi}+1=0$，将数学中 5 个最重要的常数(自然常数 e、虚数单位 i、圆周率 π、整数 1 和整数 0)通过一个公式联系起来了。

欧拉公式在数学和物理学中均有重要应用。现利用 Python 对复数运算的支持，编写程序验证欧拉公式的正确性。

输入：

一个实数。

输出：

两行，分别输出 e^{ix} 和 $\cos x+i\sin x$ 的值。输出格式如输出举例所示。

输入举例 1：

1.23

输出举例 1：

(0.3342377271245026+0.9424888019316975j)
(0.3342377271245026+0.9424888019316975j)

输入举例 2：

45.678

输出举例 2：

(－0.12458198512772287+0.9922093171209571j)
(－0.12458198512772287+0.9922093171209571j)

分析：

利用 math 库中的自然常数 e、正弦函数 sin()、余弦函数 cos()以及 Python 对复数运算的支持即可完成本任务。

参考程序代码:

```
1 import math
2 x=float(input())
3 print(math.e**(1j*x))
4 print(math.cos(x)+1j*math.sin(x))
```

说明

第 1 行:导入 math 库,以便其后使用该库中的自然常数和函数。

第 2 行:获得用户输入数据并转换为浮点数型数据后存放到变量 x 中。

第 3 行:输出本任务描述中欧拉公式左边的值。注意:程序中的虚数单位不是数学中的 i,而是 j(或 J)。

第 4 行:输出本任务描述中欧拉公式右边的值。

显然,第 3 行和第 4 行输出的两个值应该相同,从而验证欧拉公式的正确性。

重要知识点:

(1) 虚数在 Python 中的表示和运用。

(2) math 库中的自然常数 e、正弦函数 sin()和余弦函数 cos()的运用。

(3) 认识欧拉公式。

实验 3.3 信息查找

任务描述:

信息查找是我们日常使用各种信息系统最常见的操作。我们经常需要在大信息库或长文本中查找是否存在某个关键字(通常是短文本)。

编写程序,将此问题简化为:给定一行文本,第 1 行是短文本,通常是用户输入的需查找的信息;第 2 行是长文本,在此文本中查找是否存在用户输入的短文本。

输入:

两行文本。

输出:

若在第 2 行文本中找到第 1 行文本,则输出在长文本中首次匹配的起始位置,位置从 0 开始计;若找不到,则输出“not found!”。

输入举例:

农村

通过高标准农田建设、农村土地改革等来保障粮食安全,推动农村发展。

输出举例:

10

分析:

直接利用字符串的 find()函数,即可实现在某个字符串中查找特定子串所在位置的功能。

能实现字符串查找功能的 find()函数与 index()函数的异同：字符串的 find()函数与 index()函数均能实现在某个字符串中查找特定子串首次匹配的起始位置的功能，如果能找到子串，那么两者的输出结果相同；如果找不到子串，那么 find()函数返回－1，而 index()函数则抛出 ValueError 类型的异常。关于异常处理，请参考教材第 4 章中程序异常处理的相关内容。

参考程序代码：

```
1  keyword=input()
2  text=input()
3  result=text.find(keyword)
4  if result==-1:
5      print("not found!")
6  else:
7      print(result)
```

说明

第 1～2 行：分别获得待查找的短文本字符串和长文本字符串。

第 3 行：调用字符串的 find()函数，实现在字符串 text 中查找字符串 keyword。此处，keyword 称为“子串”，text 称为“母串”。若找到子串，则返回子串在母串中的最小起始位置；否则，返回－1。

第 4～7 行：如果查找的结果为－1，那么表示在母串中找不到子串，输出“not found!”；如果在母串中能找到子串，此时变量 result 的值就是子串在母串中的最小下标。

重要知识点：

(1) 字符串的查找与字符串的 find()函数用法。

(2) find()函数与 index()函数的异同点。

实验 3.4　倒背如流

任务描述：

给定一段文本，经过短时间速记后，小明不仅能按正常顺序背出来，还能够倒背如流。在此约定：文本的“一段”是指以回车符结束的文本，也可看作“一行”。现在把这个任务交由计算机执行，将给定的中文或英文文本按正常顺序和反序逐个字符输出。

输入：

一行中文或英文文本。而只有英文字符的文本，不得超过 10 万字字符。

输出：

两行，第 1 行为正常顺序输出，第 2 行为反序输出，包括标点符号在内。

输入举例 1：

这段文章我能倒背如流。

输入举例 2：

I can recite this text.

输出举例 1:

这段文章我能倒背如流。

。流如背倒能我章文段这

输出举例 2:

I can recite this text.

.txet siht eticer nac I

分析:

Python 中的字符采用 Unicode 编码,方便正确处理中英文字符。字符串支持切片操作,在此直接利用“字符串名[::−1]”的切片操作实现字符串的反序。“字符串名[::−1]”等价于“字符串名[−1:−len(字符串名)−1:−1]”。第 1 个参数“−1”表示切片的起始位置为字符串的最后一个字符所在位置,切片结果包含此位置的字符。第 2 个参数“−len(字符串名)−1”表示切片的终止位置为−len(字符串名)−1 所对应的位置,切片结果不包含此位置的字符。第 3 个参数−1,表示遍历方向为反向,即从字符串末尾往开始处的方向。这实际上就是得到整个字符串反序后的新字符串。切片操作时对应的字符位置及切片方向如图 3.1 所示。

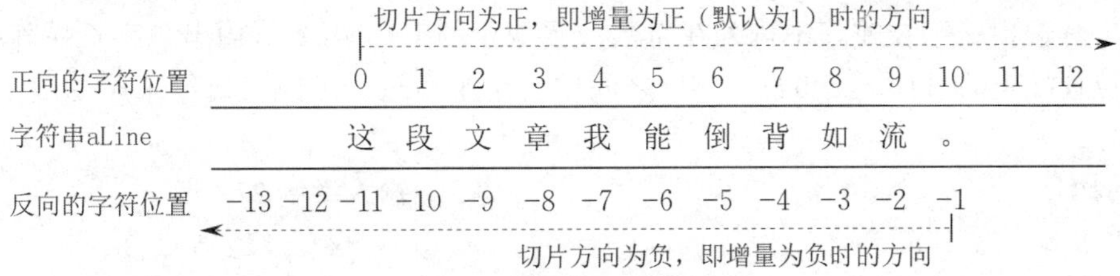

图 3.1 字符位置及切片方向

需要注意的是:

当切片方向为正,默认的切片起点位置为 0。如果终点超过了实际字符串末尾的位置,则会以实际字符串末尾位置为准。例如,对于上图字符串 aLine 采用切片操作 aLine[:100]得到的切片结果还是字符串"这段文章我能倒背如流。"

同理,当切片方向为负时,默认的切片起点是−1。如果终点超过了实际字符串开始的位置,则会以实际字符串起始位置为准。例如,对图 3.1 中字符串 aLine 采用切片操作 aLine[:−100:−1]得到的切片结果是字符串"。流如背倒能我章文段这"。

参考程序代码:

```
1  aLine=input()
2  print(aLine)
3  print(aLine[::-1])
```

说明

实现字符串反序有多种方法,第 3 行语句等价于 print("".join(reversed(aLine))),这是先调用内置函数 reversed(aLine)获得字符串对象 aLine 的反向迭代器,再调用空字符串""的 join()函数,将原字符串按反方向与空字符串拼接起来。

重要知识点:

(1) 用切片方法实现字符串的反序。

(2) 掌握正向和反向切片的默认起点以及终点越界的处理方式。

实验 3.5 变换阵型

任务描述：

古代战场上两军对阵讲究阵型，将帅需要根据战场形势变化及时变换阵型。现需将一字长蛇阵型变为二龙出水阵型，即将一字长蛇阵中站在奇数位置的战士排成一队，站在偶数位置的战士排成另一队，两队并排，编程实现。为了便于描述，在此用正整数表示阵型中的每个战士，此整数可视为战士的 ID，唯一标识每个战士。

输入：

一行用空格分隔的正整数，表示一字长蛇阵型。

输出：

第 1 行输出一字长蛇阵中排列在奇数位置战士的 ID。第 2 行输出一字长蛇阵中排列在偶数位置战士的 ID。输出的战士 ID 之间用一个半角逗号分隔。每行末尾的战士 ID 之后无逗号。

输入举例 1：

```
1 2 3 4 5 6 7 8
```

输出举例 1：

```
1,3,5,7
2,4,6,8
```

输入举例 2：

```
2 1 7 4 5 9 3
```

输出举例 2：

```
2,7,5,3
1,4,9
```

分析：

因为输入数据是以空格分隔的字符串，所以先利用字符串的 split()函数实现将其生成一个列表，每个列表元素为一个战士的 ID。列表元素本质上还是一个字符串，但不再含有空格。

接下来通过对列表的切片操作，实现分别提取列表中奇数和偶数位置的元素。

参考程序代码：

```
1  one=input().split()
2  print(','.join(one[::2]))
3  print(','.join(one[1::2]))
```

说明

第 1 行：赋值后，变量 one 为一个列表，每个元素是一个战士的 ID。

第 2 行：表达式 one[::2]的作用是提取列表中奇数位置的元素，该表达式的切片起始位置和终止位置为默认值，切片步长为 2，从而获得 one[0]，one[2]，one[4]，…这些元素的值。然后，通过字符串的 join()函数，将切片得到的列表元素用逗号拼接成一个字符串后再输出。

第 3 行：表达式 one[1::2]的作用是提取列表中偶数位置的元素，该表达式的切片起始位置为 1，终止位置为默认值，切片步长为 2，从而获得 one[1]，one[3]，one[5]，…这些元素的值。然后，通过字符串的 join()函数，将切片得到的列表元素用逗号拼接成一个字符串后再输出。

重要知识点：

(1) 字符串的 split()，join()函数的运用。

(2) 列表切片操作的运用：提取列表奇数位置或偶数位置的元素。

实验 3.6　天天向上的力量

任务描述：

一年 365 天，以第 1 天的能力值为基数，记为 1.0。在此假定：当好好学习时，能力值相比前一天提高 *k*‰；当没有学习时，能力值相比前一天下降 *k*‰。

每天坚持努力学习或每天都放任不学，一年下来前者的能力值是后者的多少倍呢？编程计算。

输入：

一个正实数，表示 *k*。

输出：

3 行，分别表示每天努力和每天放任一年后的能力值以及前者与后者的能力比值。其中，能力值保留 2 位小数，能力比值取整数。

输入举例：

5

输出举例：

6.17

0.16

38

分析：

能力值的增加和减少可以按复利公式计算。幂运算可以利用 Python 运算符"**"实现。输出结果的格式控制可以采用多种方式。

参考程序代码：

```
1  k=eval(input())
2  up=(1+k/1000)**365
3  dn=(1-k/1000)**365
4  print("{:.2f}\n{:.2f}\n{:d}".format(up, dn, int(up/dn)))
```

说明

第 1 行：获得用户输入的数据，并且转换为数值型数据。也可以写成 k=float(input())。

第 2 行：根据复利计算公式，得到经过 365 天坚持努力学习的能力值。运算符"**"是幂运算符。

第 3 行：根据复利计算公式，得到经过 365 天放任不学的能力值。

第 4 行：按输出的格式要求，利用字符串的输出格式控制来实现。因为变量 up 和 dn

的值是浮点数型数据，up/dn 的结果也是浮点数类型，所以在输出前，需要将其类型转换为整数类型。在此是用"{}".format()的方式控制输出格式的，其中的\n 是转义字符，表示“回车符”。也可用%控制输出格式，因此第 4 行语句可有如下等价写法：

```
print("%.2f\n%.2f\n%d"%(up, dn, int(up/dn)))
```

也可将以上的一个输出语句拆分为 3 个输出语句，如下所示：

```
print("{:.2f}".format(up))
print("{:.2f}".format(dn))
print("{:d}".format(int(up/dn)))
```

重要知识点：

(1) eval()函数的运用。

(2) 幂运算符“**”的运用。

(3) 利用 int()函数将浮点数类型转换为整数类型。

(4) 浮点数型和整数型数据输出格式控制。

实验 3.7 大写金额

任务描述：

在日常填写与金额相关的银行单据或财务报账单、保险单等场合，需要用大写方式填写金额。现在给定小于一万亿的金额数字，需按财务要求的格式输出其大写形式，编程实现。要求从高位到低位，按“仟佰拾亿仟佰拾万仟佰拾元角分”的顺序，每位数输出对应的元角分的大写。数字 0～9 的大写为“零壹贰叁肆伍陆柒捌玖”。

输入：

一个表示金额的非负整数，最多 2 位小数，小于一万亿。小于 1 元的金额用 0. 开头。

输出：

大写的元角分金额。

输入举例 1：

0

输出举例 1：

零元零角零分

输入举例 2：

0.38

输出举例 2：

零元叁角捌分

输入举例 3：

200

输出举例 3：

贰佰零拾零元零角零分

输入举例 4：

123456789012.34

输出举例 4：

壹仟贰佰叁拾肆亿伍仟陆佰柒拾捌万玖仟零佰壹拾贰元叁角肆分

分析：

基本思路是：将输入的数字从高位到低位依次输出每位的数字及其对应的位权名。

本编程任务需要解决两个问题：

问题一：将阿拉伯数字转换为中文数字。

问题二：确定每个数字对应的个十百千万亿的位权名。

解决这两个问题的办法有多种，以下仅举例说明其中的一种。

问题一的解决办法：目标是要将数字字符“0123456789”分别转换为零壹贰叁肆伍陆柒捌玖，可用字符串下标方式实现。首先定义字符串 chnNum="零壹贰叁肆伍陆柒捌玖"，那么，如何得到字符“0”对应的中文字符“零”呢？显然，表达式 chnNum[0]的值就是“零”，chnNum[1]的值就是“壹”……chnNum[9]的值就是“玖”，其中 0，1，…，9 是整数，是字符串 chnNum 的下标。那么，从字符“0”如何得到它对应的下标 0 呢？从字符“1”如何得到它对应的下标 1 呢……从字符串“9”如何得到它对应的下标 9 呢？利用 ord()函数即可实现，该函数得到字符的 ASCII 编码。根据 ASCII 编码的特点，0～9 的数字字符与字符“0”之间编码的差距值刚好是整数 0～9。因此，字符“0”对应的下标为 ord("0")－ord("0")，其值为 0；字符“1”对应的下标为 ord("1")－ord("0")，其值为 1……字符“9”对应的下标为ord("9")－ord("0")，其值为 9。一般地，如果数字字符为 ch，其对应的下标 idx＝ord(ch)－ord("0")，那么变量 ch 对应的中文字符为 chnNum[idx]。

问题二的解决办法：首先将输入数据进行规范化处理，小数点位数统一补齐到 2 位，并且去掉小数点。然后利用字符串下标的方式，确定每个数字对应的位权名即可。例如，输入为 1234.5，补齐到两位小数并且去小数点后为 123450，然后将数字与“仟佰拾元角分”一一对应输出“壹仟”“贰佰”“叁拾”“肆元”“伍角”“零分”即可。因为输入的数字长度是不定的，为了方便处理，在此将位权名字符串采用倒序方式存放，令 wqm="分角元拾佰仟万拾佰仟亿拾佰仟"。

例如，输入为 12.34，存放了规范化处理后数字的字符串变量 n="1234"，其位数为 lenN=4，那么下标 i 的取值区间为[0，3]。

下标 i=0 对应位的数字为 n[i]=n[0]="1"，对应的位权名为 wqm[lenN－1－i]=wqm[4－1－0]=wqm[3]="拾"；

下标 i=1 对应位的数字为 n[i]=n[1]="2"，对应的位权名为 wqm[lenN－1－i]=wqm[4－1－1]=wqm[2]="元"；

下标 i=2 对应位的数字为 n[i]=n[2]="3"，对应的位权名为 wqm[lenN－1－i]=wqm[4－1－2]=wqm[1]="角"；

下标 i=3 对应位的数字为 n[i]=n[3]="4"，对应的位权名为 wqm[lenN－1－i]=wqm[4－1－3]=wqm[0]="分"。

因此，下标 i 对应位的数字为 n[i]，对应的位权名为 wqm[lenN－1－i]。

参考程序代码：

```
chnNum="零壹贰叁肆伍陆柒捌玖"
wqm="分角元拾佰仟万拾佰仟亿拾佰仟"
str=input()
aList=str.split(".")
if len(aList)==2:
    n=aList[0]+aList[1]+"0"*(2-len(aList[1]))
else:
```

续表

```
8        n=aList[0]+"00"
9    lenN=len(n)
10   for i in range(lenN):
11       idx=ord(n[i])-ord("0")
12       print(chnNum[idx]+wqm[lenN-1-i],end="")
```

说明

第 1 行:设置 chnNum 的值,表示 10 个中文数字。此字符串配合下标可实现将阿拉伯数字转换为中文数字。

第 2 行:设置 wqm 的值,表示 16 个数位对应的位权名。注意:从左到右的位权名排列顺序是由低位到高位的。此字符串配合下标可确定每位数对应的位权名。

第 3 行:接收用户输入的数字字符串,存放到变量 str 中。注意:变量 str 的数据类型不是整数类型,而是字符串类型,并且该字符串中的数值可能包含 1 至 2 位小数。

第 4～8 行:对输入数据进行规范化处理:补齐 2 位小数,并且去掉小数点。

第 4 行:将字符串 str 从小数点处拆分,结果为列表,并保存到变量 aList 中。如果 str 有小数点,那么列表 aList 有两个元素,分别为整数部分和小数部分;如果 str 中没有小数点,那么列表 aList 只有一个元素,表示整数部分。

第 5～6 行:若 aList 有两个元素,意味着输入数据含有小数点,则将 aList[0]表示的整数部分、aList[1]表示的小数部分和末尾按 2 位小数补齐的 0 这 3 个部分拼接成新的字符串 n,此 n 即为规范化处理得到的数字字符串。

第 7～8 行:如果 aList 中只有一个元素,意味着输入数据不含小数点,则将 aList[0]表示的整数部分和末尾补齐的两个 0 这两个部分拼接成新的字符串 n,此 n 即为规范化处理得到的数字字符串。

第 9 行:得到规范化处理后的数字字符串 n 的位数,即字符串 n 的长度 lenN。

第 10～12 行:for 循环结构。共循环 lenN 次,即对字符串 n 的每个字符对应的下标循环一次。循环从数字 n 的最高位开始,即下标 i 从 0 开始,每循环一次,处理一个数位对应的输出。

第 11 行:得到第 i 个字符对应的下标 idx。

第 12 行:输出下标 i 对应的中文数字和位权名。chnNum[idx]的值为下标 i 对应的中文数字,wqm[lenN－1－i]的值为下标 i 对应的位权名。

重要知识点:

(1) 常量字符串及其中单个字符的引用。

(2) 金额小数不足 2 位或无小数时“角”“分”的处理。

(3) 循环结构在数字的逐位输出和位权名中的运用。

实验3.8　分数化简

任务描述：

在数学的运算中我们经常需要对分数进行化简，化为最简分数，即分子、分母除±1以外，没有其他公约数。编程实现分数的化简。

输入：

第1行为一个正整数 $n(1\leqslant n\leqslant 10000)$，表示测试用例的个数。其后 n 行，每行都是一个分数，分子和分母之间有一个除号“/”分隔，并且分母不为零。

输出：

每个分数的最简形式。若结果为非零整数，则表示为整数形式；若结果为0，则表示为0。具体格式参见输出举例。

输入举例：	输出举例：
12	（此空行不应输出，在此仅为方便对齐看结果）
24/18	4/3
－24/18	－4/3
24/－18	－4/3
－24/－18	4/3
10/2	5
10/－2	－5
10/1	10
10/－1	－10
0/24	0
0/－25	0
13/7	13/7
13/－7	－13/7

分析：

为了分别得到分子、分母的数值，利用分数的分隔符“/”即可实现。

因需对分子、分母的符号统一处理，故在此采用的方法是：用一个单独的变量来保存结果分数的符号，正号用“1”表示，负号用“－1”表示，并且将分子和分母的符号统一转化为正号。

若分子、分母存在公因子，可以约分，则将分子、分母均除以两者的最大公约数。

对于分子能被分母整除的分数，没有必要输出分母。此功能利用取余运算符“%”很容易实现。

参考程序代码：

```
import math
n=int(input())
```

续表

```
3   for i in range(n):
4       fz,fm=input().split("/")
5       fz,fm=int(fz),int(fm)
6       flag=1
7       if fz<0:
8           flag,fz=-flag,-fz
9       if fm<0:
10          flag,fm=-flag,-fm
11      if (fz%fm==0):
12          print(flag*fz//fm)
13      else:
14          gys=math.gcd(fz,fm)
15          print("%d/%d"%(flag*fz//gys,fm//gys))
```

说明

第 1 行：导入 math 库，其后需要用到 math.gcd()函数求最大公约数。

第 2 行：获得需要处理的分数的个数。此数用来控制 for 循环的次数。

第 3～15 行：for 循环结构。每循环一次，处理输入的一个分数，共循环 n 次。

第 4 行：赋值后，变量 fz，fm 中存放了字符串类型的分子与分母。

第 5 行：赋值后，变量 fz，fm 中存放整数类型的分子与分母。

第 6 行：flag 的值用来表示最终结果分式的符号，初始值为 1。

第 7～8 行：对分子的符号进行处理，若为负号，则将 flag 和 fz 均反号。这样，fz 变为了正数，同时，flag 变量记录了这次反号。

第 9～10 行：对分母的符号进行处理，若为负号，则将 flag 和 fm 均反号。这样，fm 变为了正数，同时，flag 变量记录了这次反号。

第 11～12 行：若分子能被分母整除，则输出 flag * fz//fm。此表达式将最终分式的正负符号考虑进去了。注意：这里的除法为整数型除法运算符“//”，而不是浮点数型除法运算符“/”。

第 13～15 行：若分子不能被分母整除，则先算出分子分母的最大公约数。输出最终的分子分母时均要除以此最大公约数。如果分子分母互质，那么最大公约数为 1，这样做结果仍然正确，从而没有必要单独考虑互质的情况。最后，在输出结果的分子部分时将 flag 中存放的分式符号考虑进去，其中分母总是正数。

重要知识点：

(1) 字符串的拆分。

(2) 分数符号的处理。

(3) 最大公约数函数 gcd()的运用。

(4) 取余与整除运算的运用。

(5) 结果的格式化输出。

实验 3.9 英文缩写

任务描述:

在日常生活中,我们会接触到英文单词的缩写。一般来说,其缩写是由各单词首字母或特别字母的大写构成。

给定一个表示某术语的英文全称字符串,编写程序,将其中大写字母按顺序提取出来,得到英文缩写。在此约定:英文术语中需要缩写的字母以大写字母的形式出现。

输入:

第1行为一个正整数 $n(1 \leqslant n \leqslant 10000)$,表示其后的需要处理的英文全称的行数。其后 n 行,每行都是一个包含了若干大写字母的字符串。

输出:

n 行,每行表示对应字符串的缩写。

输入举例:

```
8
American Standard Code for Information Interchange
Artificial Intelligence
End Of File
Begin Of File
Chief Executive Officer
Chief Technology Officer
Chief Finance Officer
eXtensible Markup Language
```

输出举例:

```
ASCII
AI
EOF
BOF
CEO
CTO
CFO
XML
```

分析:

利用循环逐个地读取字符串中每个字符,然后判断该字符是否为大写字母,如果是,那么将其依次拼接到简写字符串之后。

参考程序代码：

```
1  n=int(input())
2  for i in range(n):
3      s=input()
4      brief=""
5      for ch in s:
6          if ch>='A' and ch<='Z':
7              brief+=ch
8      print(brief)
```

说明

第 1 行：获得其后需要处理的英文全称的行数。此数用来控制其后 for 循环的次数。

第 2～8 行：for 循环结构。每循环一次处理一行英文全称的缩写，共循环 n 次。

第 3 行：获得本次需要处理的英文全称字符串。

第 4 行：对每次处理，先将表示缩写字符串的变量 brief 赋为空字符串。此操作至关重要。如果将此句放在 for 循环结构之外，将会导致前一次缩写的结果带入到下一次全称的缩写中，这不是本任务所要的效果。

第 5～7 行：内层循环结构，嵌套在第 2 行的 for 循环结构之内。此循环结构用变量 ch 来遍历本次英文全称中的每个字符，在其循环体中判断条件 ch>='A' and ch<='Z'是否为真。若为真，则 ch 为大写字母，从而将 ch 拼接到变量 brief 之后。

第 8 行：此行用来输出本次处理得到的缩写。因为经过以上处理，变量 brief 中存放了本次需处理的英文全称对应的缩写。

本编程任务程序代码的还有另外一种写法。它利用了列表解析式来提取字符串中的大写字母成为新的列表，再利用字符串的 join()函数将所有的大写字母拼接成缩写。这种写法如下，仅供参考。

```
n=int(input())
for i in range(n):
    s=input()
    print(''.join([ch for ch in s if ch.isupper()==True]))
```

重要知识点：

(1) 大写字母的判定。

(2) 字符串的拼接。

(3) 循环结构的运用。

思考题：

参考程序代码中第 8 行语句的位置也很重要，它既不能放在内层 for 循环结构之内，也不能放在外层 for 循环结构之外。为什么？

实验 3.10 水平循环文字飞幕

任务描述：

对给定的一行字符串，使其形成从左到右一直循环滚动的字幕，编程实现。

输入：

一行文本。

输出：

每秒向右循环滚动 1 个字符。内容为输入的一行文本。

输入举例：

欢迎学习 Python 程序设计，你将打开一个新的世界！

输出举例：

（展示向右滚动了 3 个字符后的输出结果）

世界！欢迎学习 Python 程序设计，你将打开一个新的

运行方式：

在 Windows 的运行框中输入 cmd，打开 cmd 窗口，先将本项目 py 代码文件所在目录切换为当前目录，假定此 python 文件名为 sample. py，则输入 python sample. py，运行；再输入一行文本，回车，就能看到动态滚动字幕效果。此程序是一个死循环，最后须按组合键 Ctrl+C 终止程序运行。

分析：

实现水平循环文字飞幕的基本原理是：每隔一段时间刷新屏幕并输出一个新的字符串，新字符串是在原字符串循环基础上向右循环移动一个字符得到的。

让屏幕上的字符串停留指定时间，可调用 time 库中的 sleep()函数实现。

让屏幕刷新，可调用 os 库中的 system("cls")函数实现。

那么，关键是如何实现将字符串循环向右移动。在此提供两种实现方式。

方式 1：保证字符串的变量不变，然后对此字符串切片和拼接。切片时的下标根据循环的次数变化而变化。简单地说，这种方式是“字符串不变，但切片的下标变”。见参考程序代码（方式 1）。

方式 2：将原字符串变量末尾的字符拼接到最前面，得到新字符，赋值到原字符串变量中。简单地说，这种方式是“字符串本身在变”。见参考程序代码（方式 2）。

参考程序代码（方式 1）：

```
import os
import time
str=input()
i=0
slen=len(str)
```

续表

```
6   while True:
7       print(str[-i:]+str[:-i])
8       i=(i+1)%slen
9       time.sleep(1)
10      os.system("cls")
```

说明

第 1～2 行：导入后面需要用到的 os 库和 time 库。

第 3 行：获得用户输入的一行字符存放到变量 str 中。该行字符将被用来以向右飞幕方式显示。但在整个程序运行过程中，变量 str 的值一直保持不变。

第 4 行：初始化变量 i 的值为 0。变量 i 用来标记对字符串 str 切片时的起点和终点。需要注意的是：该位置总是相对内容不变的 str 来说的。

第 5 行：获得字符串 str 的长度。该长度是用来对变量 i 取余的，防止 i 的值变得越来越大。因为 i 值太大，可能导致内存溢出，并且需要占用更多的内存。

第 6～10 行：while 循环结构，此循环结构是一个死循环。因此，只有通过操作系统终止应用程序的方式来结束此循环。在命令行下运行时，可以按快捷键 Ctrl+C 终止本程序。

第 7 行：取原字符串后 i 个字符与原字符串前面剩余的字符拼接起来。

第 8 行：每循环一次，i 的值自增 1，但是通过取余运算将 i 的值约束在[0，n－1]之内。

第 9 行：每循环一次，程序暂停 1 s。

第 10 行：清空控制台屏幕。

参考程序代码(方式 2)：

```
1   import os
2   import time
3   str=input()
4   while True:
5       str=str[-1:]+str[:-1]
6       print(str)
7       time.sleep(1)
8       os.system("cls")
```

说明

第 5 行：将字符串变量 str 的最后一个字符与字符串的除此字符之外的字符进行拼接，得到的新字符串赋值给 str，从而 str 的值每循环一次就变化一次。得到新字符串的效果实际上就是原串向右循环移动了一个字符。

第 6 行：输出字符串变量 str 的值。变量 str 中保存了循环向右移动一个字符后的新串。

重要知识点：

(1) 字符串的循环拼接。

(2) time. sleep()函数的用法。

(3) os. system()函数的用法。

实验 3.11　格式规范的价格表(英文版)

任务描述：

到超市购物，打印的购物清单是格式规范化的表格形式输出的。在此，价格表简化为只有商品名和单价两项数据。给定商品个数以及每个商品的名称和价格，编写程序，按以下输出举例的格式规范进行输出。

输入：

第1行为一个正整数，表示商品的个数。其后的每行包含一个商品的商品名和价格。

商品名为英文且可能含有空格，长度不超过30个字符。商品价格的整数部分不超过7位数，小数部分不超过2位数。因此，商品价格包括小数点在内最多占10个字符。商品名和价格之间用空格分隔。

输出：

每行宽度为40个字符。第1列为商品名，该列30个字符宽，左对齐。第2列为单价，该列10个字符宽，右对齐，保留2位小数。表头和表尾横线如输出举例。

输入举例：

```
5
Apple 7.5
Pear 1.85
Watermelon 1.8
Kiwi fruit 12
Honey-dew melon 3.5
```

输出举例：

```
========================================
Item                               Price
----------------------------------------
Apple                               7.50
Pear                                1.85
Watermelon                          1.80
Kiwi fruit                         12.00
Honey-dew melon                     3.50
----------------------------------------
```

分析：

将每行商品信息存储到一个列表中，按输出格式要求，先输出表头，然后逐行输出每个商品信息，最后输出表尾横线。

每行商品信息需要进行解析才能得到商品名和价格。商品名应为字符串类型，价格应为浮点数类型。解析的方法是:在包含商品名和价格信息的字符串中逆向查找第 1 个空格所在下标,然后根据此下标对该字符串进行切片,其前半部分为商品名字符串,后半部分为价格字符串。通过 float()函数将价格字符串转换为浮点数类型。

得到每行字符串类型的商品名和浮点数类型的价格之后,按格式要求输出即可。

参考程序代码:

```
1  items=int(input())
2  goods=[]
3  for i in range(items):
4      goods.append(input())
5
6  width=40
7  print('='*width)
8  print('{:30}{:>10}'.format('Item','Price'))
9  print('-'*width)
10 for aGood in goods:
11     pos=aGood.rindex(" ")
12     item=aGood[:pos]
13     price=float(aGood[pos+1:])
14     print('{:30}{:>10.2f}'.format(item,price))
15 print('-'*width)
```

说明

第 1 行:得到商品个数的整数型数值,存放到变量 items 中。

第 2 行:初始化变量 goods 为空列表。goods 的每个元素用来存储表示一个商品的商品名和价格的字符串。

第 3～4 行:for 循环结构。每循环一次,将一个商品信息输入并添加到列表 goods 中,共循环 items 次。

第 6 行:将 width 赋值为 40,表示表格宽度为 40 个字符。

第 7 行:输出以 40 个“=”构成的表格线。

第 8 行:按格式输出表头的“Item”和“Price”。

第 9 行:输出以 40 个“-”构成的表格线。

第 10～14 行:for 循环结构。按规定格式输出每个商品的商品名和价格,共循环 items 次。每循环一次,处理 goods 列表中的一个元素,即处理一个商品的信息。处理商品的顺序与输入的顺序一致。

第 11 行:在包含商品名和商品价格的字符串 aGood 中,反向查找第 1 个空格所在下标。将此下标值存放到变量 pos 中。

第 12 行：对字符串 aGood 的下标取值范围[0,pos－1]切片，得到的字符串存放到变量 item 中。

第 13 行：对字符串 aGood 的下标取值范围[pos＋1,末尾]切片，将得到的字符串通过 float()函数转换为浮点数型变量后，存放到变量 price 中。

第 14 行：将变量 item 中的字符串按总宽 30 列、左对齐方式输出；将变量 price 中的浮点数型数值按总宽 10 列、保留 2 位小数、右对齐方式输出。

第 15 行：输出表格末尾的横线。此语句不在 for 循环结构内。

重要知识点：

(1) 列表的初始化、添加元素、按下标访问元素。

(2) 字符串的重复。

(3) 输出格式控制。

(4) 字符串的后向查找函数 rindex()的运用。

(5) 字符串的切片操作。

本章程序代码

第 4 章　程序控制结构

实验 4.1　复　读　机

任务描述：

复读机能帮助我们反复多遍朗读单词和课文。复读之类的任务对于机器（计算机）来说，简直是小菜一碟，不管是复读一遍还是复读一百遍，都易如反掌。现编写程序，模拟复读机复读单词和句子。

输入：

第 1 行为一个正整数 $n(1 \leqslant n \leqslant 10000)$，表示每个单词复读 n 遍，最后整个句子复读 n 遍。

第 2 行为一个句子，每个单词由空格分隔。

输出：

复读的结果。每个复读结果单独输出一行。

输入举例：

```
2
I love peace
```

输出举例：

```
I
I
love
love
peace
peace
I love peace
I love peace
```

分析：

需要先对每个单词重复若干次，再对整句重复。因此，在程序中，需要分别存储单词和存储整句字符串的列表。

将输入的第 1 行表示重复次数的数据转换为整数型数据，存放到变量 n 中。

输入的第 2 行包含用空格分隔的多个单词的句子。句子作为一个字符串整体存储即可。每个单词则可用字符串的 split()函数拆分得到。

通过双重循环，对列表中的每个单词重复输出 n 行。外层循环用于遍历每个单词，内层循环用来将每个单词重复输出 n 遍。

外层循环有两种实现方式：通过下标或通过 for…in…的方式对列表元素进行遍历，分别见参考程序代码（方式 1）、参考程序代码（方式 2）。

参考程序代码(方式 1):

```
1 n=int(input())
2 sentence=input()
3 words=sentence.split()
4 for i in range(len(words)):
5     for j in range(n):
6         print(words[i])
7 for j in range(n):
8     print(sentence)
```

说明

第 4 行:对下标 i 进行循环,变量 i 的取值范围为[0, len(words)−1]。

第 6 行:通过 words[i]的方式访问列表 words 中下标 i 对应的列表元素。

注意:第 4 行的 for 循环与第 5 行的 for 循环是嵌套关系,而第 4 行的 for 循环与第 7 行的 for 循环是顺序关系。

参考程序代码(方式 2):

```
1 n=int(input())
2 sentence=input()
3 words=sentence.split()
4 for aWord in words:
5     for j in range(n):
6         print(aWord)
7 for j in range(n):
8     print(sentence)
```

说明

第 4 行:采用 for aWord in words 的方式对列表 words 的每个元素进行遍历,该循环中的 aWord 表示依次取到的列表 words 中的元素。

重要知识点:

(1) 字符串的拆分。

(2) 双重循环结构的运用。

实验 4.2　机器人过路口

任务描述：

一台机器人到达了某个有交通指示灯的十字路口，想要去往某个方向。请根据有交通灯的状态和机器人行走方向，指示它通过路口还是在路口停下来等待，编程实现。

输入：

两行。第 1 行为一个整数，表示机器人的行走方向，其方向直行、调头、左转、右转分别用 1、−1、2、−2 标识。第 2 行有 3 个整数，分别表示直行、左转、右转交通灯状态。0 表示红灯，1 表示绿灯。在此路口，当左转交通灯为绿灯时，允许左转和调头。

输出：

当前可通过路口，则输出“pass”；否则，输出“wait”。

输入举例 1：	**输入举例 2：**	**输入举例 3：**	**输入举例 4：**
1 0 1 1	−1 0 1 0	−2 0 0 1	2 1 0 1
输出举例 1：	**输出举例 2：**	**输出举例 3：**	**输出举例 4：**
wait	pass	pass	wait

分析：

根据本编程任务的需求，机器人是否通过路口的条件是：若“行进方向的灯是绿灯”，则通行；否则，停止行进。但是这个条件对编写程序来说还不够具体，应更准确地表达为：若“行进方向为前进且前进指示灯为绿灯”或者“行进方向为调头且左转指示灯为绿灯”或者“行进方向为左转且左转指示灯为绿灯”或者“行进方向为右转且右转指示灯为绿灯”，则通行；否则，停止。

参考程序代码：

```
direction=int(input())
straight,left,right=input().split()
straight,left,right=int(straight),int(left),int(right)

if (direction==1 and straight==1) or \
        (direction==-1 and left==1) or \
        (direction==2 and left==1) or \
        (direction==-2 and right==1):
    print("pass")
else:
    print("wait")
```

说明

第 5～8 行：if 语句的条件太长，写成多行时末尾添加字符“\”。应该注意多个条件的写法。and 的运算优先级比 or 高，上述条件中的圆括号可以去掉。为了逻辑清晰，建议适当地使用圆括号。

另外，第 2～3 行可以利用列表解析式合并为一条语句：

```
straight,left,right =[int(e) for e in input().split()]
```

重要知识点：

（1）分支语句与复合条件的表达。

（2）输入数据的解析。

实验 4.3　成绩等级

任务描述：

根据成绩分数给出成绩等级，满分为 100 分，编程实现。

输入：

一个整数，表示成绩的分数。

输出：

按照规定，将成绩划分如下等级：分数<0 或分数>100，输出“error”，表示成绩数据有误；分数为 0～59，输出“fail”，表示成绩不及格；分数为 60～69，输出“pass”，表示成绩及格；分数为 70～79，输出“medium”，表示成绩中等；分数为 80～89，输出“good”，表示成绩良好；分数为 90～100，输出“excellent”，表示成绩优秀。

输入举例 1：	输入举例 2：	输入举例 3：	输入举例 4：
95	59	100	80
输出举例 1：	**输出举例 2：**	**输出举例 3：**	**输出举例 4：**
excellent	fail	excellent	good

分析：

本编程任务的逻辑实现有多种方式。

方式 1：利用 if-elif-…-elif-else 多分支结构来实现判断成绩所属等级。这种方式充分利用了该分支结构的特性：如果执行到某个 elif 或 else 语句时，意味着前面的 if 条件和 elif 条件均不满足。基于此特性，可简化 elif 语句的条件表达式。例如，参考程序代码（方式 1）第 4 行的 elif 条件表达式没有必要写成 score>=0 and score<60。

方式 2：除成绩有误、不及格和满分外，60～69 及格、70～79 中等、80～89 良好、90～99 优秀这几个等级都是以 10 分为一个区间的。因此，可以考虑将区间[0,100]按 10 分一个等级进行划分，最后的 100 单独划作一个区间，那么每个区间的下标和等级的对应关系如表 4.1所示。

表 4.1　每个区间的下标和等级的对应关系

下标	0	1	2	3	4	5	6	7	8	9	10
区间	[0,9]	[10,19]	[20,29]	[30,39]	[40,49]	[50,59]	[60,69]	[70,79]	[80,89]	[90,99]	100
等级	fail	fail	fail	fail	fail	fail	pass	medium	good	excellent	execllent

容易得到如下规律：分值//10=下标。使用列表 grade 存放上表的等级：

grade=['fail','fail','fail','fail','fail','fail','pass',
　　'medium','good','excellent','execllent']

因此，除小于 0 分大于 100 分的 error 情况外，score 的其他分值的输出均以如下形式得到其等级：grade[score//10]。

因为列表的前 6 个为'fail'，后 2 个为'excellent'，所以 grade 可利用列表的重复和拼接操作，写成如下形式：

grade=["fail"] * 6+["pass","medium","good"]+["excellent"] * 2

参考程序代码(方式 1)：

```
score=int(input())
if score<0:
    print("error")
elif score<60:
    print("fail")
elif score<70:
    print("pass")
elif score<80:
    print("medium")
elif score<90:
    print("good")
elif score<=100:
    print("excellent")
else:
    print("error")
```

参考程序代码(方式 2)：

```
grade=["fail"]*6+["pass", "medium", "good"]+["excellent"]*2
while True:
    score=int(input())
```

续表

```
    if score<0 or score>100:
        print("error")
    else:
        print(grade[score//10])
```

重要知识点：

(1) 列表的重复与拼接的运用。

(2) if-elif-…-elif-else 多分支结构的运用。

(3) 多分支结构的执行过程。

(4) 利用列表实现由成绩分数得到相应成绩等级。

思考题：

(1) 如下程序代码也能实现本编程任务的功能吗？为什么呢？

```
grade=("pass", "medium", "good", "excellent", "excellent")
score=int(input())
if score<0 or score>100:
    print("error")
elif score<60:
    print("fail")
else:
    print(grade[score//10-6])
```

(2) 还能提出其他实现本编程任务的方式吗？

实验 4.4 计 薪

任务描述：

某公司工资计算方法如下：

(1) 工作时数超过 120 小时者，超过部分加发 15%。

(2) 工作时数低于 60 小时者，扣发 700 元。

(3) 其余按每小时 85 元计发。

给定职工的工号和该职工的工作时数，编写程序，计算其工资。

输入：

工号和工作时数。工号和工时都是非负整数，输入格式有 4 种：①工号，工时；②[工号，工时]；③(工号，工时)；④{工号，工时}。注意：输入的括号和逗号均为半角字符。

输出：

按格式“＊＊号职工＊＊＊元”输出。

输入举例 1：

1,50

输出举例 1：

1 号职工 3550 元

输入举例 2：

[2,225]

输出举例 2：

2 号职工 20463.75 元

输入举例 3：

{3,100}

输出举例 3：

3 号职工 8500 元

分析：

对于本编程任务的多种形式的输入，均可以通过 eval(input()) 函数统一得到解决。因为 eval() 函数能对这几种形式的输入实现正确的转换。

有多种不同方式实现该公司职工工资的计算，下述为其中一种较为简洁的方式：

按每工时 85 元计算，需区分两种特殊情况，一种是工时超过 120 小时的，计算超出部分的工资并累加到最终工资中；另一种是工时小于 60 小时的，在原工资基础上扣减 700 元。

参考程序代码：

```
1  gh,gs=eval(input())
2  gz=gs*85
3  if gs>120:
4      gz+=(gs-120)*85*0.15
5  elif gs<60:
6      gz-=700
7  print("{0}号职工{1}元".format(gh,gz))
```

说明

第 1 行：通过 eval() 函数能正确地解析本编程任务输入的各种格式的字符串，将输入的工号和工时转换为整数型数值分别存放到变量 gh,gs 中。

第 2 行：按每工时 85 元的工资计算。

第 3～6 行：if-elif 分支结构，对工时大于 120 小时或工时小于 60 小时的两种情况进行处理。

第 7 行：按格式要求输出最终结果。

重要知识点：

(1) 工资计算规则转换为程序逻辑。

(2) 输出格式控制。

实验 4.5 分　鱼

任务描述：

甲、乙、丙……共 k 人在某天夜里合伙去捕鱼，到第二天凌晨时都疲惫不堪，于是各自找地方睡觉。日上三竿，甲第 1 个醒来，他将鱼分为 k 份，把多余的一条鱼扔掉，拿走自己的一份。乙第 2 个醒来，也将鱼分为 k 份，把多余的一条鱼扔掉，拿走自己的一份。丙、丁、戊等人依次醒来，也按同样的方法拿鱼。编程求出他们合伙至少捕了多少条鱼。当然，每人至少分到一条鱼。

输入：

一个整数 k，表示捕鱼人数，$k\geqslant3$。

输出：

按任务描述中的分鱼方法，他们合伙捕鱼的最少条数。

输入举例 1：

3

输出举例 1：

25

输入举例 2：

5

输出举例 2：

3121

输入举例 3：

8

输出举例 3：

16777209

分析：

程序中，设输出结果为 n，将 n 从取值 k+1 开始，检查该 n 的值经过 k 次分鱼后能否每次都满足分鱼规则。若能，则 n 就是结果，程序终止；若不能，则增加 1，再次重复上述检查，直到找到为止。

如何检查该 n 的值经过 k 次分鱼后能否每次都满足分鱼规则呢？实现方式有多种。

方式 1：利用 break 语句配合循环结束后循环变量是否到达终点来判断。具体实现见参考程序代码（方式 1）。

方式 2：根据标志变量的值来判断。具体实现见参考程序代码（方式 2）。

参考程序代码（方式 1）：

```
1   k=int(input())
2   n=k+1
3   while True:
4       x,i=n,1
5       while i<=k:
6           if(x-1)%k==0:
7               x=((x-1)//k)*(k-1)
8           else:
9               break
10          i+=1
11      if i>k:
12          break
13      n+=1
14  print(n)
```

说明

第 1 行：获得输入的整数 k，表示共有 k 人捕鱼。

第 2 行：n 存放需要检查是否能满足 k 次分鱼规则的值，初始值为 k+1。因为每人至少分到 1 条，加上被扔掉的那 1 条，所以初值至少为 k+1。

第 3～13 行：外层 while 循环结构。因为此循环结构的条件是 True，也就是“永真”，所以此循环必须依赖 break 才能结束。当然，如果此循环结构在某个函数中，那么 return 语句不仅能返回函数值，也能起到终止循环的作用。

对于第 3～13 行的外层 while 循环结构，其循环次数是不定的。循环的结束依赖于第 11～12 行的 if 语句的条件和 break 语句。此循环每循环一次，n 的值自增 1。在每次外层循环过程中，用内层 while 循环检查该 n 能否满足 k 次分鱼规则。若能，则第 11 行 if 语句的条件将满足，即 i>k 成立，此时调用 break 结束循环，结果在第 14 行语句输出；若不能，则不再继续检查，结束内层循环，接着将 n 自增 1，进入下一次外层循环，对新的 n 进行检查。

第 4 行：x 的值为第 i 个人醒来时看到鱼的条数。i 是循环变量，用来计数分鱼的次数。共计分 k 次。

第 5～10 行：内层 while 循环结构。如果第 9 行 break 语句从没有被执行，那么此循环结构将循环 k 次。一旦某次循环中该 break 语句被执行的话，那么循环变量 i 的值必定小于等于 k，此时意味着 n 不能满足某次分鱼规则。

第 6～9 行：if-else 分支结构。判断当前有 x 条鱼，扔掉一条，x－1 是否刚好能让 k 人平分，即判断(x－1)%k 的值是否为 0。若是，意味着本次能满足分鱼规则，则更新下次可分鱼的总数 x 的值为((x－1)//k) * (k－1)；否则，执行第 9 行的 break 语句，跳出第 5～10 行的循环结构，意味着当第 i 个人分鱼时发现本次的 x 不能满足分鱼规则，即是本次所尝试的 n 值不合适，下一步应该尝试 n+1 的值。

第 10 行：第 5～10 行循环结构每循环一次，循环变量 i 的值增加 1。

第 11～12 行：如果此时 i>k，那么可以肯定第 5～10 行的内层循环中 n 能满足全部的 k 次分鱼规则，所以此 n 就是本任务所需的结果，即捕鱼的最少条数。因此，第 3～13 行的循环结构不需要再继续，通过第 12 行 break 语句跳出此循环。

第 14 行：输出最终结果 n。

参考程序代码(方式 2)：

```
k=int(input())
n=k+1
while True:
    x,i=n,1
    isNowOK=True
    while isNowOK and i<=k:
        if (x-1)%k==0:
            x=((x-1)//k) * (k-1)
        else:
```

续表

```
10              isNowOK=False
11          i+=1
12      if isNowOK:
13          break
14      n+=1
15  print(n)
```

说明

与方式1的不同在于第5～12行。

第5行：使用标志变量 isNowOK，它是布尔型变量，其值只有两个，True 或 False。isNowOK 变量值为 True 的含义是：到第 i 个人开始分鱼前为止，前面的 i－1 个人的分鱼均满足分鱼规则。isNowOK 变量值为 False 的含义是：到第 i 个人开始分鱼前为止，前面的 i－2个人均满足分鱼规则，第 i－1 个人不满足分鱼规则。所以，在此将初始值设为 True 是合理的，这意味着 i＝1 是前面 i－1 即 0 个人满足分鱼规则。

第6～13行：内层 while 循环结构。此循环结构的条件有两个，必须是 isNowOK 为 True 且 i＜＝k。这样，当第10行语句被执行后，isNowOK 变量的值为 False，再次执行第6行时，此循环条件将不再满足，循环终止。

第12行：此时，可以根据 isNowOK 变量值来判断 n 是否满足全部的 k 次分鱼规则。如果 isNowOK 的值为 True，那么 n 就是所需的结果；反之，将 n 增加1，进入下一次循环对 n＋1 的检查。

重要知识点：

(1) 双重循环结构在逻辑表达中的运用。

(2) 计数变量的运用。

(3) break 语句的运用。

(4) 用从小到大逐个试探的方法找到满足条件的最小结果。

实验 4.6 垂立式菱形图案

任务描述：

编写程序，输出由字符“*”构成的垂立式空心菱形图案。

输入：

一个整数 $n(1\leqslant n\leqslant 40)$，表示每条菱形的边含字符“*”的个数，也作菱形的边长。

输出：

由字符“*”构成的菱形图案。要求相邻两行的同一菱形的边的字符“*”，在行方向上相差一个字符宽度。

输入举例 1：

```
1
```

输出举例 1：

```
*
```

输入举例 2：

```
4
```

输出举例 2：

```
   *
  * *
 *   *
*     *
 *   *
  * *
   *
```

输入举例 3：

```
5
```

输出举例 3：

```
    *
   * *
  *   *
 *     *
*       *
 *     *
  *   *
   * *
    *
```

分析：

因为这是在字符界面下输出菱形图案，所以不能像在图形界面下那样可依靠坐标定位到屏幕的任意位置绘图。在字符界面下输出图案必须遵循的输出顺序是：从上往下按行顺序输出，同行是从左往右顺序输出。

如图 4.1 所示，本任务要求输出的菱形图案可分为 4 部分。第 1、第 4 部分结构相同，分别为首行、尾行；第 2 部分每行结构相同，为菱形上部；第 3 部分每行结构相同，为菱形的下部。

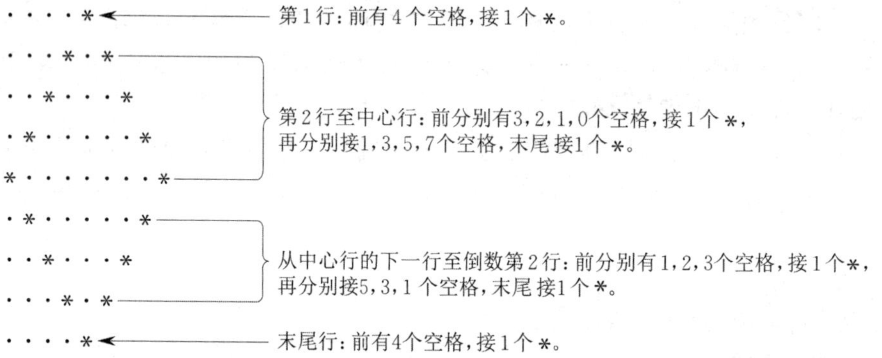

· · · · *
第 1 行：前有 4 个空格，接 1 个 *。
· · · * · *
· · * · · · *
· * · · · · · *
* · · · · · · · *
第 2 行至中心行：前分别有3，2，1，0个空格，接 1 个 *，
再分别接1，3，5，7个空格，末尾接1个 *。
· * · · · · · *
· · * · · · *
· · · * · *
从中心行的下一行至倒数第 2 行：前分别有 1，2，3个空格，接 1 个*，
再分别接5，3，1 个空格，末尾接1个 *。
· · · · *
末尾行：前有4个空格，接 1 个 *。

图 4.1　空心菱形图案的 4 部分

显然，如果想要将图案中的“ * ”输出到行的相应位置，只能通过在此之前输出若干个空格（或跳格）来实现。

需要注意的是：当边长为 1 时，输出结果就只有 1 个“ * ”。只有边长大于等于 2 时才能适用上述将输出图案划分为 4 部分的方法。因此，编写程序时需要将边长为 1 作为特殊情况进行处理。

根据对图 4.1 的分析，不难得出每个部分的空格个数与循环变量 i 的关系。

参考程序代码：

```
n=int(input())

if n==1:
    print("*")
```

续表

```
5  else:
6      print(" "*(n-1),end="")
7      print("*")
8  
9      for i in range(n-1):
10         print(" "*(n-i-2),end="")
11         print("*",end="")
12         print(" "*(i*2+1),end="")
13         print("*")
14 
15     for i in range(n-2):
16         print(" "*(i+1),end="")
17         print("*",end="")
18         print(" "*((n-i-2)*2-1),end="")
19         print("*")
20 
21     print(" "*(n-1),end="")
22     print("*")
```

说明

第1行:获得菱形的边长。

第3~4行:if 分支语句。当边长为1时,属于特殊处理,输出1个"*"即可。

第5~22行:else 分支语句。当边长大于等于2时,将输出图案按4部分分别进行处理。

第6~7行:输出第1部分,首行。该行由n−1个前导空格后接1个"*"构成。注意:print()函数的参数 end="" 表示此 print 语句的输出末尾字符为空字符,缺省时为回车字符,其实际作用是防止此 print 语句输出的末尾换行。

第9~13行:输出第2部分,菱形上部。循环变量i的取值范围为[0,n−2]。每行的构成为n−i−2个前导空格,接1个"*",i*2+1个中间空格,再接1个"*"。

第15~19行:输出第3部分,菱形下部。循环变量i的取值范围为[0,n−3]。每行的构成为i+1个前导空格,接1个"*",(n−i−2)*2−1个中间空格,再接1个"*"。

第21~22行:输出第4部分,尾行。该行由n−1个前导空格后接1个"*"构成,同第6~7行。

重要知识点：

(1) 对输出图案的分析，找到图案构成部分的划分和各部分的变化规律。

(2) 特殊情况的处理。

(3) 循环结构与分支结构在逻辑表达中的运用。

思考题：

(1) 考虑特殊处理时，为什么不需要考虑 $n=2$ 或 $n=3$ 的情形呢？

(2) 如果编程任务要求输出用字符“*”填充的实心菱形图案，该如何实现呢？例如，当边长为4时，实心菱形图案的输出结果如图4.2所示.

```
   *
  ***
 *****
*******
 *****
  ***
   *
```

图4.2　实心菱形图案

实验4.7　宿舍编号

任务描述：

给定楼栋、楼层数、房间数，编写程序，按楼栋名、楼层、房间号顺序输出所有宿舍编号。每个宿舍编号之后有一个空格，每层输出之后换行，每栋输出之后空一行。

宿舍编号的输出格式为“楼栋名楼层号房间号”，其中房间号采用2位数编号，不足2位的前补0。每栋楼层号、每层房间号均从1开始编号。

输入：

3行，第1行为空格分隔的楼栋名称，第2行为每栋的楼层数，第3行为每层的房间数。

每栋楼层数少于10层，每层房间数少于100个。

输出：

按规定格式输出每个宿舍编号。

输入举例：

```
金岸 芷兰 丰泽
3
5
```

输出举例：

```
金岸101 金岸102 金岸103 金岸104 金岸105
金岸201 金岸202 金岸203 金岸204 金岸205
金岸301 金岸302 金岸303 金岸304 金岸305

芷兰101 芷兰102 芷兰103 芷兰104 芷兰105
芷兰201 芷兰202 芷兰203 芷兰204 芷兰205
芷兰301 芷兰302 芷兰303 芷兰304 芷兰305

丰泽101 丰泽102 丰泽103 丰泽104 丰泽105
丰泽201 丰泽202 丰泽203 丰泽204 丰泽205
丰泽301 丰泽302 丰泽303 丰泽304 丰泽305
```

分析：

第 1 行为包含若干个空格分隔的楼栋名的字符串，因此利用字符串的 split()函数，将分隔字符为空格的字符串拆分为列表，这样就能获得每个元素为楼栋名字符串的列表。楼层数和房间数利用 input()函数输入后需要通过 int()函数转换为整数型数值。

输出宿舍编号的过程可通过三重循环实现，最外层循环逐个遍历楼栋列表的每个元素，获得每个楼栋的楼栋名。第 2 层循环逐个遍历每个楼层。最内层循环逐个遍历每个房间，并在最内层循环将楼栋名、楼层号、房间号拼接起来得到宿舍编号。

为了让房间号保持 2 位数输出，不足 2 位的前补 0，可以通过输出格式控制表达式 '{:02d}'.format(room)实现，其中 room 为房间号。

为了同一层楼的宿舍编号在同一行输出，而不是每输出一个宿舍编号就换行，即在输出每个号之后不能让 print()函数输出默认的回车符，可以通过设定 print()函数的第 2 个参数为空格字符串实现。

为了让每层输出之后换行，须在最内层循环结构之外，第 2 层循环结构之内，执行一次 print 语句，输出一个回车符。注意：此语句不能在最内层循环结构之内。

为了让每栋输出之后空一行，须在第 2 层循环结构之外，最外层循环结构之内，执行一次 print 语句。

参考程序代码：

```
1   buildingList=input().split()
2   floorNum=int(input())
3   roomNum=int(input())
4   for building in buildingList:
5       for floor in range(1,floorNum+1):
6           for room in range(1,roomNum+1):
7               bh=building+str(floor)+'{:02d}'.format(room)
8               print(bh,end=' ')
9           print()
10      print()
```

说明

第 5～6 行：代码中的 range(start, end)函数所表示的数值序列元素取值范围为[start,end)，即数值不能取到 end，只能取到 end－1。

第 8～10 行：必须很好地理解这 3 行的 3 处 print 语句在输出格式控制中的作用。空的 print 语句的作用是输出一个回车符，在输出中产生换行效果。第 8 行语句 print(bh,end=' ')的参数 end=' '表示此 print 语句的输出末尾字符为空格。缺省时，print 语句的输出末尾字符为回车符。

重要知识点：

（1）三重循环的运用。

（2）字符串的拼接。

（3）输出结果的格式控制。

实验 4.8　九九乘法表(左下形)

任务描述:

在乘法运算中,两个 1 位数的乘法是多位数乘法运算的基础。为了快速得到两个 1 位数乘法的结果,可采用列表的方法呈现,如九九乘法表,以方便记忆。现编写程序,输出指定范围内的乘法口诀表。九九乘法表存在多种输出形式,在此按输出举例的格式输出。

输入:

第 1 行为一个正整数 n,表示测试用例的个数。其后 n 行,每行给定两个整数 a, b,其中 $1 \leqslant a < b \leqslant 9$。

输出:

从 $a*a$ 到 $b*b$ 范围的乘法表。乘积靠左对齐,每行输出末尾无空格,每个测试用例的输出末尾有一个空行。

输入举例:

```
3
1 9
2 8
5 5
```

输出举例:

```
1*1=1
1*2=2  2*2=4
1*3=3  2*3=6  3*3=9
1*4=4  2*4=8  3*4=12 4*4=16
1*5=5  2*5=10 3*5=15 4*5=20 5*5=25
1*6=6  2*6=12 3*6=18 4*6=24 5*6=30 6*6=36
1*7=7  2*7=14 3*7=21 4*7=28 5*7=35 6*7=42 7*7=49
1*8=8  2*8=16 3*8=24 4*8=32 5*8=40 6*8=48 7*8=56 8*8=64
1*9=9  2*9=18 3*9=27 4*9=36 5*9=45 6*9=54 7*9=63 8*9=72 9*9=81

2*2=4
2*3=6  3*3=9
2*4=8  3*4=12 4*4=16
2*5=10 3*5=15 4*5=20 5*5=25
2*6=12 3*6=18 4*6=24 5*6=30 6*6=36
2*7=14 3*7=21 4*7=28 5*7=35 6*7=42 7*7=49
2*8=16 3*8=24 4*8=32 5*8=40 6*8=48 7*8=56 8*8=64

5*5=25
```

分析：

如图 4.3 所示，可知行号、列号、乘式的变化规律。根据此变化规律，不难写出双重循环的代码。

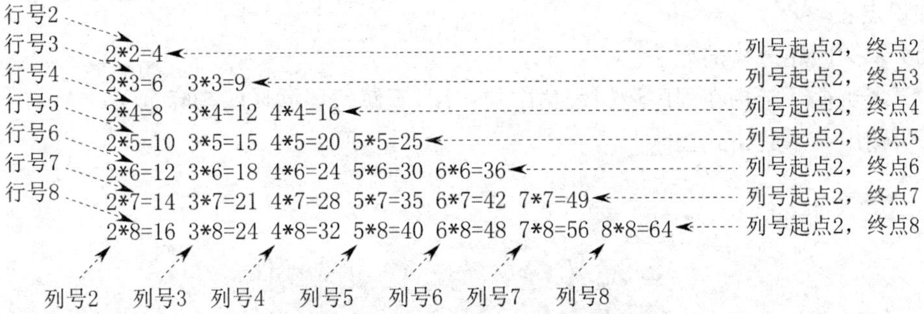

图 4.3　行号、列号、乘式的变化规律

参考程序代码：

```
1  cases=int(input())
2  for k in range(cases):
3      start,end=input().split()
4      start,end=int(start),int(end)
5      for row in range(start,end+1):
6          for col in range(start,row+1):
7              print("{}*{}={:<3d}".format(col,row,col*row),end="")
8          print()
9      print()
```

说明

第 1 行：获得输入的测试用例个数。

第 2～9 行：for 循环结构。每循环一次，处理一个测试用例，共循环 cases 次。

第 3 行：得到本测试用例的乘法表的起始数字和终止数字，返回结果为字符串类型。

第 4 行：将起始数字和终止数字转化为整数类型，以便其后计算使用。

第 5～8 行：for 循环结构，嵌套在最外层 for 循环结构之内。共循环 end－start＋1 次，每循环一次，输出乘法表的一行。第 1 次循环输出的行有 1 个乘法式，第 2 次循环输出的行有 2 个乘法式，第 3 次循环输出的行有 3 个乘法式，以此类推。

第 6～7 行：for 循环结构，嵌套在第 2 层 for 循环结构之内。每循环一次，输出同行 1 个乘法式，相当于输出同行的一个“列”。该循环的循环起点固定为 start，终点由外层循环变量 row＋1 决定，循环次数为 row－start＋1。也就是说，行号为 row 的行，有 row－start＋1 个乘法式输出。

第 7 行：print 语句带有参数 end＝""，表示本次输出的末尾无回车符。

第 8 行：输出一个回车符。这是在最内层 for 循环结构之外，在第 2 层 for 循环结构之内。其作用是当该行所有“列”输出结束后，在行尾输出一个回车符。

第 9 行：输出一个回车符。这是在第 2 层 for 循环结构之外，在第 1 层 for 循环结构之内。其作用是当一个测试用例的输出结束后，在末尾再输出一个回车符。此时会产生一个空行。最终效果是每个测试用例的输出之后都有一个空行。

重要知识点：

(1) 掌握问题分析的方法。

(2) 多重循环结构在程序逻辑表达中的运用，理解每层循环的实际意义。

(3) 输出结果的格式控制。

实验 4.9 分数的和

任务描述：

小明学习了分数的加法，老师给他布置了一道课后作业。给定数 n，计算如下分式的和 $S(n)$ 的最简分式：

$$S(n)=1/3+3/5+5/7+7/9+\cdots+n/(n+2) \quad (n\text{ 为奇数})。$$

小明算了几项后，觉得手工计算太容易出错。最近他正好在学习 Python 程序设计，掌握了一些程序设计技能，因此他编写程序完成了此次作业。

输入：

第 1 行为正整数，表示测试用例的个数。其后的每行有一个正奇数 n。

输出：

每个测试用例输出一行。输出 $S(n)$ 的最简约分的结果。

输入举例：

```
4
1
21
39
81
```

输出举例：

```
1/3
2861599189/334639305
116320091982737732/6845630929362225
427878177578664745789520329993670339/11471634878471167251412031681963025
```

分析：

此编程任务要求最后得到的结果是分数，是用分子分母准确表示的分数，因此不能是先将每个分数对应的小数值相加，得到最后的和之后再转换为分数。因为分数的值为浮点数类型，而 Python 的浮点数类型最多只能精确到 16 位有效数字，这将导致结果对应的小数不精确，再转换为分数后也会不正确。Python 支持大整数的运算，因此分子分母分别用整数类型存储和计算，就能达到本任务的要求。

分数的累加过程为：用变量 sumFz，sumFm 分别存放当前累加分数的分子与分母，用变量 fz，fm 分别存放当前待累加分数的分子与分母。显然，累加后的结果分数的分子与分母的值分别为 sumFz * fm＋sumFm * fz 与 sumFm * fm。将此新的分子、分母赋值给变量 sumFz，sumFm，继续循环。

sumFz，sumFm 的初始值分别设为 0，1 是合理的。对应的分数为“0/1”，对应的分数值为“0”。

因为最后需要得到最简分式，所以可以考虑对每次得到的新的累加和分数的分子 sumFz、分母 sumFm 同时约去两者的最大公约数，实现对结果分数的约分化简。当然，也可以在循环计算的过程中对分子分母不约分，等得到最后累加和分数再约分。这种做法的缺点是可能导致最终结果的分子和分母数值巨大。

参考程序代码：

```
1   import math
2   cases=int(input())
3   for j in range(cases):
4       n=int(input())
5       sumFz,sumFm=0,1
6       for i in range(1,n+1,2):
7           fz,fm=i,i+2
8           sumFz=sumFz * fm+sumFm * fz
9           sumFm=sumFm * fm
10          gcd=math.gcd(sumFz,sumFm)
11          if gcd!=1:
12              sumFz//=gcd
13              sumFm//=gcd
14      print("%d/%d"%(sumFz,sumFm))
```

说明

第 1 行：导入 math 库，需要用到其 gcd()函数求最大公约数。

第 2 行：获得测试用例的个数。

第 3～14 行：for 循环结构。共循环 cases 次，每循环一次处理一个输入的正奇数 n，计算并输出 $S(n)$最简约分的结果。

第 4 行：获得本测试用例输入的正奇数存放到变量 n 中。

第 5 行：对存放累加和分数的分子、分母变量分别赋初值。

第 6～13 行：内层 for 循环结构，它嵌套在外层 for 循环结构之内，循环变量 i 的值分别取 1，3，5，…，n。循环体内根据 i 的值可以很方便地确定当前待累加分数的分子分母的值，每循环一次便将一个分数项累加到了结果分数中。

第 7 行：得到当前累加分数的分子、分母的值分别为 i 和 i＋2。

第 8 行：计算结果分数的分子的值，结果存放到变量 sumFz 中。

第 9 行：计算结果分数的分母的值，结果存放到变量 sumFm 中。

第 10 行：得到结果分数的分子分母最大公约数。

第 11～13 行：如果最大公约数不为 1，那么分子、分母分别除以其最大公约数。

注意：第 12、第 13 行的除法为整数型除法运算符“//”，而不是浮点数型除法运算符“/”。

重要知识点：

(1) 多重循环结构的运用。

(2) 最大公约数函数 gcd()在分数约分中的运用。

(3) 分数的加法运算和累加和的计算。

实验 4.10　十进制小数转二进制

任务描述：

给定正的十进制小数，编写程序，将其转换为二进制小数。

输入：

一个正的十进制小数，小数部分不超过 14 位。

输出：

该十进制小数对应的二进制小数。对于结果为二进制循环小数的情况，在计算过程中按浮点数类型存储其小数部分，最后因为浮点数类型存在误差的原因，即使结果是二进制循环小数，但按此方式一直计算下去，也能得到非循环的小数的结果，请输出此结果。

输入举例 1：

13.25

输出举例 1：

1101.01

输入举例 2：

16.59375

输出举例 2：

10000.10011

输入举例 3：

1234.5

输出举例 3：

10011010010.1

输入举例 4：

16.2

输出举例 4：

10000.00110011001100110011001100110011001100110011

分析：

将十进制小数转化为二进制小数的方法是，先分别对整数部分和小数部分进行转化，再将转化结果拼成二进制小数。

例如，求$(16.59375)_{10}=(?????)_2$，$(16.2)_{10}=(?????)_2$。

第 1 步，整数部分按十进制整数转二进制的方式进行转换，计算方法是“除 2 取余”。取整数部分，不断除以 2，直到整数部分为 0 为止，余数部分构成的倒序序列即为结果。

例如，十进制整数 $x=16$，转二进制计算过程如表 4.2 所示，$(16)_{10}=(10000)_2$。

表 4.2　十进制整数转二进制计算过程($x=16$)

计算顺序	1	2	3	4	5	6
x	16	8	4	2	1	0
$x/2$	8	4	2	1	0	
$x/2$ 的余数	0	0	0	0	1	

第 2 步：取小数部分乘以 2，不断进行下去，直到小数部分为 0(二进制不循环小数)或者到达指定精度为止(二进制循环小数)。整数部分构成的正序序列即为结果。

例如，十进制小数 $x=0.59375$，转二进制计算过程如表 4.3 所示，$(0.59375)_{10}=(0.10011)_2$。这是不循环的二进制小数。

表 4.3　十进制小数转二进制计算过程($x=0.59375$)

计算顺序	1	2	3	4	5	6
x	0.59375	0.1875	0.375	0.75	0.5	0.0
$x*2$	1.18750	0.3750	0.750	1.50	1.0	
$x*2$ 的整数部分	1	0	0	1	1	

又如，十进制小数 $x=0.2$，转二进制计算过程如表 4.4 所示，$(0.2)_{10}=(0.0011001100110011\cdots)_2$。这是循环的二进制小数。

表 4.4　十进制小数转二进制计算过程($x=0.2$)

计算顺序	1	2	3	4	5	6	7	8	…
x	0.2	0.4	0.8	0.6	0.2	0.4	0.8	0.6	…
$x*2$	0.4	0.8	1.6	1.2	0.4	0.8	1.6	1.2	…
$x*2$ 的整数部分	0	0	1	1	0	0	1	1	…

第 3 步：将整数部分和小数部分拼接起来，得到最后的结果。由以上计算例子可知，

$$(16.59375)_{10}=(10000.10011)_2,\quad (16.2)_{10}=(10000.0011001100110011\cdots)_2$$

实际上，十进制小数 16.2 转换为二进制小数后，为循环小数，但是由于将该小数按浮点数类型进行存储而存在误差，因此按以上步骤转换二进制小数总能使该小数等于 0。此时计算终止，输出此结果即可。

也就是说，在本编程任务中，无论转换得到的二进制小数是否为不循环小数，均可按不循环小数的方式进行对待。

当然，因为在 Python 中提供了内置函数 bin()能将十进制整数转换为二进制整数，因此没有必要编写代码实现“除 2 取余”的计算过程。

参考程序代码：

```
x=float(input())
binIntPart=bin(int(x))
s=binIntPart[2:]+'.'
x=x-int(x)
while x:
    x=x*2
    if x>=1.0:
        x=x-1
        s=s+'1'
```

续表

10	`    else:`
11	`        s=s+'0'`
12	`print(s)`

说明

第 1 行:将输入的数据转换为浮点数型数据存放到变量 x 中。

第 2 行:将 x 的整数部分转换为二进制整数。通过 bin()函数转换十进制整数得到的结果是以"0b"开头的字符串类型,存放到变量 binIntPart 中。

第 3 行:字符串变量 s 用来存放转换后的二进制小数。在此先将整数部分的二进制字符串后拼接小数点,再赋值给 s。

第 4 行:得到 x 的小数部分,结果存回到变量 x 中,该值也是浮点数类型。

第 5～11 行:while 循环结构。每循环一次,得到二进制小数的 1 个位,并将此位拼接到结果字符串变量 s 的末尾。此循环没有固定次数,循环终止的条件是 x=0。变量 x 始终存放计算过程的小数部分。在分析部分已经说明,不管结果小数是否为不循环小数,此循环的终点总是可以到达的。

第 6 行:对小数部分执行乘 2 的运算,结果存回到变量 x 中。

第 7～11 行:判断乘 2 后的 x 的整数部分是否为 1。若是,则将 x 减去 1,保持 x 的整数部分为 0,其小数部分参与下一次循环的运算,同时将结果字符串 s 的末尾追加表示该位小数的字符"1";否则,在结果字符串 s 的末尾追加表示该位小数的字符"0"。

第 12 行:最终结果在字符串变量 s 中,输出即可。

重要知识点:

(1) 理解十进制整数部分和小数部分转换二进制的方法。

(2) 对浮点数类型的存储存在误差的认识。

(3) 理解在此程序中无限循环小数的实际转换过程能自然终止,不会无限循环。

(4) 字符串拼接的运用。

实验 4.11　有这样的日期吗?

任务描述:

某公司人力资源部经理(HR)在 2019 年 2 月底的某一天说,今年 2 月 29 日(该日是星期五),公司为了表彰大家的辛苦工作,全体员工放假一天。如果你是公司的员工,你是否会信以为真呢?其实是 HR 和大家开一个玩笑而已,因为这样的日期不合历法。也就是说,压根就不存在这样的日期。编程判断某个给定的日期是否合乎历法。

输入:

第 1 行有个整数 n,表示测试用例的个数($1 \leqslant n \leqslant 100$)。其后的 n 行,每行有 3 个小于 10000 的正整数,分别表示一个日期的年、月、日,用空格分隔。

输出:

若该日期是合乎历法的,则输出"yes";否则,输出"no"。每个日期的输出单独占一行。

输入举例：

```
5
2009 2 29
2000 2 29
1977 9 31
200 12 30
1800 12 32
```

输出举例：

（此空行不应输出，在此仅为方便对齐看结果）

```
no
yes
no
yes
no
```

分析：

在此展示两种解决本编程任务的不同思路。

方法1：利用datetime库和异常处理机制来实现。datetime对象的date(y,m,d)函数能按设定的年月日构造日期对象，如果这个日期不合理，那么会导致该函数抛出异常。因此，利用这个特性正好能达到本编程任务的目的。具体实现见参考程序代码(方法1)。

方法2：根据历法规则判断给定日期是否正确。规则具体来说，有如下几条：

(1) 月份不得大于12。

(2) 大月最多31天，小月最多30天，平年二月最多28天，闰年二月最多29天。

(3) 闰年是能被4整除但不能被100整除，或者能被400整除的年份。

以上历法规则有很多种具体代码实现方式。在此展示了利用元组存储每月的基本天数，并且对二月和其他月份的天数统一用"基本天数＋额外天数"表示。其中，额外天数仅当月份是闰年二月时为1，其他月份全为0。这样处理后，以上规则的表达变得简洁。具体实现见参考程序代码(方法2)。

参考程序代码(方法1)：

```
1  import datetime
2  n=int(input())
3  for i in range(n):
4      y,m,d=[int(e) for e in input().split()]
5      try:
6          datetime.date(y,m,d)
7          print("yes")
8      except:
9          print("no")
```

说明

第1行：导入datetime库。

第2行：获得用户输入的测试用例个数的整数值，存放到变量n中。

第3～9行：for循环结构。每循环一次处理一个测试用例。

第4行：获得用户输入的空格分隔的年月日，转换为整数后，分别赋值给变量y,m,d。该语句的等价写法如下：

```
y,m,d=input().split()            #先将输入的年、月、日分开为3个字符串
y,m,d=int(y),int(m),int(d)       #将每个变量转换为整数类型
```

此语句利用了列表解析式,其用法请读者自行查阅 Python 相关参考资料。

第 5～9 行:try-except 异常处理结构。如果程序在第 6 行发生异常,那么将跳转到 except 处执行,此时意味着日期不符合历法,输出“no”。如果在执行第 6 行的代码时没有发生异常,那么执行第 7 行,此时意味着日期是符合历法的正常日期,输出“yes”。

参考程序代码(方法 2):

```
1   n=int(input())
2   monthDays=(31,28,31,30,31,30,31,31,30,31,30,31)
3   for i in range(n):
4       y,m,d=[int(e) for e in input().split()]
5       delta=0
6       if m==2 and (y%4==0 and y%100!=0 or y%400==0):
7           delta=1
8       if m>12 or d>monthDays[m-1]+delta:
9           print("no")
10      else:
11          print("yes")
```

说明

第 1 行:获得用户输入的测试用例个数的整数值。

第 2 行:设置存储了每月天数元组 monthDays。当然,也可用列表或字典来存储。但是,因为 monthDays 在整个程序中不需要被修改,所以用元组更有利于提高程序的运行效率。

重要知识点:

(1) datetime 库的 date()函数的调用。

(2) 异常处理机制的运用。

(3) 利用元组存储每月天数。

(4) 闰年的逻辑表达式。

(5) 复杂逻辑的表达。

实验 4.12　随机红包金额拆分

任务描述:

微信红包是十分受大家欢迎的功能,其核心任务是要将给定金额随机拆分成给定个数

的红包。也就是说，将给定的待发红包金额和个数按随机的方式确定每个红包的金额。编程实现其功能。

输入：

第1行有一个正整数，表示测试用例的个数。其后的每行有两个数据，分别表示红包的金额和个数，用空格分隔。发红包的金额，单位为元（最大金额2万元，可能有2位小数），红包个数为小于5000个的正整数（一个社交群通常不超过5000人）。发红包的总金额不会低于每个红包1分钱。

输出：

每个测试用例输出一行。

对于每个测试用例，输出每个红包的金额，单位为元，保留2位小数，用空格分隔。

多次运行相同红包金额和个数时，结果应该体现随机性。发放的红包总金额必须等于所有红包金额之和，不得有误差。

输入举例：

```
5
10 3
0.05 5
0.03 2
0.17 1
0.01 1
```

输出举例：

```
（此空行不应输出，在此仅为方便对齐看结果）
1.84 6.78 1.38
0.01 0.01 0.01 0.01 0.01
0.02 0.01
0.17
0.01
```

分析：

具体的拆分方式有多种，以下方式供参考。

在本编程任务中，如果对红包金额直接按照浮点数型数据进行处理，有可能导致最终结果存在误差，这是由浮点数类型本身的特点决定的。因此，为了无误差地将总金额拆分到指定个数的红包中，需要将输入的带有小数的金额转换为整数，将以"元"为单位转换为以"分"为单位。故红包金额都以"分"为单位进行存储和运算，输出时再转换为以"元"为单位的结果显示。

在整个红包分配过程中，为了防止某个红包的金额为0，便为每个红包保底了1分钱，这个1分钱的保底金额是不参与红包金额随机调整的，是固定不变的。此外，这1分钱的保底金额在计算过程中并不体现在每个红包的值之中，但在最终输出时，这个1分钱的保底金额必须体现在每个红包的最终金额中。

在此假定以"分"为单位的待分总金额为k，红包个数为n。程序设计如下：

首先，为红包分配初始金额，其目标是尽量平均地将总金额分配到每个红包。具体做法是：将待分总金额k，按n份平分，每份为k//n−1。如果还有剩余，那么将前k%n个红包金额每个增加1。例如，k=206，n=4，则此时4个红包的金额分别为51，51，50，50。

然后，随机选择两个红包，将两个红包的金额合并，接着随机地拆分后放回到这两个红包，调整前、后两个红包的总金额保持不变。此操作重复若干次，就能达到红包金额随机分配的效果。具体重复多少次，可以设计自己的计算方式。在此采用计算式k//(n*10)+1来确定，并且最少重复10次。

最后，输出时，给每个红包加上未参与运算的保底金额。

显然，当红包个数为1时，就不需要以上随机拆分金额的过程。

参考程序代码：

```
1  import random
2  cases=int(input())
3  while cases>0:
4      k,n=input().split()
5      k=int((float(k)+1e-6)*100)
6      n=int(n)
7      redBag=[k//n-1]*n
8      rest=k%n
9      redBag[:rest]=[e+1 for e in redBag[:rest]]
10     if n>1:
11         opTimes=k//(n*10)+1
12         if opTimes<10: opTimes=10
13         for k in range(opTimes):
14             i=random.randint(0,n-1)
15             j=random.randint(0,n-1)
16             while i==j:
17                 j=random.randint(0,n-1)
18             sum=redBag[i]+redBag[j]
19             val=random.randint(0,sum)
20             redBag[i]=val
21             redBag[j]=sum-val
22     print(" ".join([str((e+1)/100) for e in redBag]))
23     cases=cases-1
```

说明

第 1 行：导入 random 库，随机数相关的函数在此库中。

第 2 行：获得输入的测试用例的个数的整数值。

第 3～23 行：while 循环结构。每循环一次处理一个测试用例，完成对给定金额和红包个数的金额拆分。

第 4 行：获得输入的待发红包总金额和红包个数。此处的变量 k，n 都为字符串类型。

第 5 行：将以“元”为单位的红包总金额转换以“分”为单位的金额。为了防止此转换结果产生误差，在此采用技术处理：在转换为整数型数据之前加上一个不影响原始数值表示

且大于 10^{-14} 的值。在此选取的值为 10^{-6}，用科学计数法表示为 1e－6。

第6行：将红包个数 n 转换为整数型数据。

第7～9行：给 n 个红包赋初值，将总金额尽量平均分配。

第7行：建立一个有 n 个元素的列表 redBag，每个元素的值为 k//n－1。这意味着，此时有 n 个红包，每个红包中有 k//n－1 分钱。

第8行：得到 k%n 的值。也就是说，k 分钱分成 n 份，每份有 k//n－1 分钱，那么剩余的部分就是 k%n 分钱了。

第9行：给前 k%n 个红包，每个增加 1 分钱。也就是说，将剩余的 k%n 分钱平分到前 k%n 个红包。

第10～21行：如果红包个数等于 1，那么直接输出结果即可，没有必要执行随机金额拆分的操作。

第11～12行：按自己设定的计算方式确定随后的 for 循环的次数 opTimes。

第13～21行：for 循环结构。共循环 opTimes 次，每循环一次，完成对两个红包金额的随机调整。

第14～15行：随机生成两个下标 i，j。实现方式为调用 random 库中的 randint(0，n－1)函数，生成取值范围为[0，n－1]的随机整数。

第16～17行：若 i 和 j 相同，则为 j 生成新的随机数，直到两者不相同为止。

第18行：得到下标 i，j 对应的两个红包的总金额。此金额为随机调整操作执行前两个红包的总金额。需要注意到的是：此时 i≠j，从而变量 redBag[i]和 redBag[j]一定对应两个不同的红包。

第19行：从这两个红包的总金额中随机分出 val。

第20行：将 val 赋值给 redBag[i]。

第21行：将剩余的金额分配给 redBag[j]。这样确保了这次调整的两个红包的总金额在调整前后保持不变。

第22行：输出列表 redBag 中存放的每个红包的金额。输出时，需要加上未参与运算的保底金额 1 分钱，并且将最终输出结果转换为以“元”为单位。因为输出的多个结果之间要用空格分隔，所以在此采用字符串的 join()函数实现。本行代码采用了列表解析式写法，代码简洁，其等价语句如下：

```
aList=[]
for e in redBag:
    aList.append(str((e+1)/100))
print(" ".join(aList))
```

第23行：每循环一次，循环变量 cases 自减 1。

重要知识点：

(1) 如何尽量将带有小数的运算转换为整数运算。

(2) random 库中的随机数函数的运用。

(3) 如何实现固定金额的随机分配。

实验 4.13 自动发声报数器

任务描述：

自动发声报数装置在生活中应用广泛。例如，在银行取号排队时，会听到自动发声装置报出可办理业务的号码，假设你取到了 301 号，则会报出“三百零一号顾客请到某某窗口”；在医院等处缴费时，会有自动发声系统告知你应该缴费的金额；街头的身高体重测试机也有自动发声装置，报告测出的身高和体重；等等。

将数字转换为待发声的文本串，再将文本串交给文本朗读器就能实现自动发声。任意给定的正整数，将其转换为对应的文本串，编程实现。读数的规则如下：

（1）从高位往低位一级一级地读；从低位往高位方向数，4 位为一级，分别为个级、万级、亿级、万亿级。

（2）读万级数时，先按个级的读法来读，再在后面加上“万”字。亿级和万亿级的读法，以此类推，后面加上“亿”“万亿”。

（3）每级末尾的 0 都不读，每级开头和中间数位上有 1 个或连续几个 0，只读一个零。如果某级 4 位数为全 0，那么此级不读。

输入：

第 1 行包含一个不大于 200 的正整数，表示测试用例的个数。其后的每行包含有一个整数 $n(0 \leqslant n < 10^{17})$。

输出：

每个测试用例的输出单独占一行，输出整数发声对应的文字。

输入举例：	输出举例：
18	（此空行不应输出，在此仅为方便对齐看结果）
0	零
1	一
203	二百零三
3004	三千零四
56789	五万六千七百八十九
100000	一十万
200300	二十万零三百
4005000	四百万五千
6078000	六百零七万八千
9001020	九百万一千零二十
3004005000	三十亿零四百万五千
1000100010001000	一千万亿一千亿一千万一千
2000000000003000	二千万亿三千
4000000000050000	四千万亿零五万
6000000070000000	六千万亿七千万
8009000100000000	八千零九万亿零一亿
9000000000000000	九千万亿
1234567890123456	一千二百三十四万亿五千六百七十八亿九千零一十二万三千四百五十六

分析：

解决本编程任务的方法有多种，以下为其中一种。基本思路如下：

从低位到高位，按4位一级划分，分级读数。每级按个十百千读数，然后在末尾拼接该级的级名。除个级外，万级、亿级、万亿级的级名分别“万”“亿”“万亿”。因为个位和个级末尾不需要输出“个”字，所以读完个级的数字后不需要在末尾拼接级名。

对于某级上的“千百十个”4位的读法，直接用该位数字拼接对应的位名称即可。千百十的位名称分别为“千”“百”“十”。个位不需要位名，在此为了统一处理，用""（空字符串）表示个位名。

例如数字12345678901，按从低位到高位，4位分组为123 4567 8901。那么，亿级上的123本身读作“一百二十三”，它在亿级上，所以末尾拼接“亿”，读作“一百二十三亿”。万级上的4567本身读作“四千五百六十七”，它在万级上，所以末尾拼接“万”，读作“四千五百六十七万”。个级上的8901本身读作“八千九百零一”，它在个级上，所以末尾拼接""（空字符串）。最终结果为字符串"一百二十三亿四千五百六十七万八千九百零一"。

从阿拉伯数字0,1,2,…,9转换为中文数字“零”“一”“二”……“九”，可利用字符串下标、列表或者字典实现。例如，利用字典实现转换的做法是：定义字典chnNum={'0':'零','1':'一','2':'二','3':'三','4':'四','5':'五','6':'六','7':'七','8':'八','9':'九'}。若需要将数字0转换为中文数字，则表达式chnNum['0']的值即为'零'。同样，若需要将数字9转换为中文数字，则表达式chnNum['9']的值即为'九'。因此，若需要将保存在字符串变量ch中的数字转换为中文数字，则表达式chnNum[ch]的值即为它对应的中文字符。

在此基础上，需要处理两种特殊情形：

（1）某级4位数全部为0时不读出来。

（2）连续的多个0只读一个零。当然，当输入为0时，特殊处理即可。

对于情形（1），通过分析发现，它的反面情形会比较好处理。也就是说，某级的4个数位不全为0，那么该级的级名一定要被读出来。因为个级的末尾不需要拼接级名，所以只需要处理万级、亿级、万亿级中4个数位不全为0的情形。

对于情形（2），其处理方法是：从低位往高位处理，初始时从十位开始处理，如果当前位数字为0并且其右边一位（在低位方向）不为0，则将此0读作零；否则，不读出来。

参考程序代码：

```
bitName=("","十","百","千")
chnNum={'0':'零','1':'一','2':'二','3':'三','4':'四','5':'五','6':'六',
        '7':'七','8':'八','9':'九'}
cases=int(input())
for j in range(cases):
    n=input()
    if n=="0":
        print("零")
```

续表

```
8           continue
9       N=len(n)
10      s=""
11      if n[N-1]!="0":
12          s=chnNum[n[N-1]]
13      for i in range(1,N):
14          if i==4 and (N<=8 or N>8 and
                    not (n[N-5]==n[N-6]==n[N-7]==n[N-8]=="0")):
15              s="万"+s
16          elif i==8 and (N<=12 or N>12 and
                    not (n[N-9]==n[N-10]==n[N-11]==n[N-12]=="0")):
17              s="亿"+s
18          elif i==12:
19              s="万亿"+s
20          if n[N-i-1]!="0":
21              s=chnNum[n[N-i-1]]+bitName[i%4]+s
22          elif n[N-i]!="0" and i%4!=0:
23              s="零"+s
24      print(s)
```

说明

第 1 行:元组 bitName 中存放了个十百千位的位名。

第 2 行:字典 chnNum 中存放了数字字符与其对应的中文数字的“键-值”对。注意:该字典的键的数据类型为字符串类型,不是整数类型。chnNum['0']的值为'零',chnNum['1']的值为'一'……chnNum['9']的值为'九'。

第 3 行:获得测试用例的个数。

第 4~24 行:外层 for 循环结构。每循环一次,读取一个输入的数字,处理并输出其对应的读数结果。

第 5 行:获得本次需要处理的数字,存放到变量 n 中。注意:变量 n 的数据类型为字符串类型,不是整数类型。

第 6~7 行:当 n=="0"时,特殊处理,输出“零”即可;并且在第 8 行利用 continue 语句,跳过当前语句之后的本循环体中所有语句,直接进入下一次循环。

第 9 行:获得待处理的数字 n 的位数 N。

第10行:将字符串变量s初始化为空串。在从低位往高位的处理过程中,该变量用来不断在其左侧依次拼接当前位数字的读数结果。处理完毕后,最终结果将存回到字符串变量s中。

第11～12行:对最低位进行处理。最低位即个位,下标为N－1。如果个位数字不为“0”,那么将个位数字赋值给字符串s。如果个位数字为“0”,那么此时个位数字不需要输出,因此s赋值为空串。

例如,输入的数字为1234567890123456,那么n为"1234567890123456",N＝16。个位下标N－1＝15,最高位下标为0。数位与下标的对应关系如表4.5所示。

表4.5 数位与下标的对应关系

数位	"1"	"2"	"3"	"4"	"5"	"6"	"7"	"8"	"9"	"0"	"1"	"2"	"3"	"4"	"5"	"6"
下标	0	1	2	3	4	5	6	7	8	9	10	11	12	13	14	15

第13～23行:内层for循环结构。循环变量i的取值顺序为1,2,…, N－3,N－2,N－1,那么N－i－1的取值顺序为N－2,N－3,…,2,1,0,因此n[N－i－1]分别取数字串的十位、百位、千位……一直到最高位。此循环每循环一次,处理一个数位,从数字的十位开始到最高位为止。需要注意的是:最低位即个级的个位的下标i为0,而此循环是i取值1开始循环的,即从个级的十位开始循环的,最高位对应的下标i为N－1。

第14～19行:分别处理万级、亿级、万亿级必须输出级名"万","亿","万亿"的情况。

第14行:此处为输出万级名称"万"必须满足的条件。条件i＝＝4表示当前处理数字n的万级的个位,这是前提条件,所以与后续的条件之间使用逻辑运算符and。条件(N＜＝8 or N＞8 and not (n[N－5]＝＝n[N－6]＝＝n[N－7]＝＝n[N－8]＝＝"0"))分为两部分:第1部分N＜＝8表示数字n的位数小于等于8,因为有前提条件i＝＝4,意味着数字n的长度至少有5个数字,所以此条件实际上意味着n的位数在5至8位,此时万级名称"万"一定要输出来;第2部分N＞8 and not (n[N－5]＝＝n[N－6]＝＝n[N－7]＝＝n[N－8]＝＝"0")表示当n的位数大于8位,且万级的个十百千位不全为0时,万级名称"万"一定要输出来。

需要注意的是:条件表达式n[N－5]＝＝n[N－6]＝＝n[N－7]＝＝n[N－8]＝＝"0"在Python中允许连写,它等价于n[N－5]＝＝"0" and n[N－6]＝＝"0" and n[N－7]＝＝"0" and n[N－8]＝＝"0"。

第15行:将万级名称"万"拼接到结果字符串s的左边。

第16行:此处为输出亿级名称"亿"必须满足的条件。条件i＝＝8表示当前处理的数字n的亿级的个位,这是前提条件,所以与后续的条件之间使用逻辑运算符and。条件(N＜＝12 or N＞12 and not (n[N－9]＝＝n[N－10]＝＝n[N－11]＝＝n[N－12]＝＝"0"))分为两部分:第1部分N＜＝12表示数字n的位数小于等于12,因为有前提条件i＝＝8,意味着数字n的长度至少有9个数字,所以此条件实际上意味着n的位数在9至12位,此时亿级名称"亿"一定要输出来;第2部分N＞12 and not (n[N－9]＝＝n[N－10]＝＝n[N－11]＝＝n[N－12]＝＝"0")表示当n的位数大于12位,且亿级的个十百千位不全为0时,亿级名称"亿"一定要输出来。

第17行:将亿级名称"亿"拼接到结果字符串s的左边。

第18行:此处为输出万亿级名称"万亿"必须满足的条件。条件i＝＝12表示当前处理数字 n 的万亿级的个位。因为数字 n 的位数小于等于 16 位，即 n 最大到万亿级，所以只要位数达到万亿级，则一定要输出级名"万亿"。这个条件相比万级和亿级的条件要简单些，是因为有本编程任务输入的 n 的最大长度 16 作为前提。

第 19 行：将万亿级名称"万亿"拼接到结果字符串 s 的左边。

第 20～23 行：处理数字 n 中位下标为 i 所对应的数字 n[N－i－1]的读法，连续多个 0 的处理也在此逻辑中得到实现。在此将个级、万级、亿级、万亿级中的个十百千位数字的读法统一起来进行处理，利用位下标 i 与%4 运算，结合位名列表 bitName，即可实现。

第 20～21 行：n[N－i－1]！＝"0"表示当数字 n 中下标 i 对应的位不为"0"时，将该位的中文数字与对应的位名称拼接到结果字符串 s 的左边。

第 22～23 行：处理连续多个 0 的情况。因为第 22 行为 elif 分支语句，所以程序执行到此的前提是前面的分支条件没有得到满足。也就是说，n[N－i－1]＝＝"0"一定成立。这意味着下标 i 对应数字 n 的位为"0"。条件表达式 n[N－i]！＝"0" and i%4！＝0 表示当数字 n 中下标 i 右边对应的位不为"0"且当前下标 i 对应的位置不是个级、万级、亿级、万亿级的个位时，将中文数字"零"拼接到结果字符串的左边。

第 24 行：输出最终结果。注意：此语句的位置是在外层 for 循环结构之内，内层 for 循环结构之后。

需要特别注意的是：以上代码中多处出现的带双引号的"0"表示字符意义的 0，而代码中多处出现的 0 表示整数意义的 0。不要将两者混淆。

重要知识点：

（1）分支结构和循环结构在复杂逻辑表达中的运用。

（2）元组的运用。

（3）字典的运用。

（4）符合条件的表达。

（5）字符串的前缀拼接与后缀拼接。

本章程序代码

第5章　组合数据类型

实验5.1　序列数据的简单处理

任务描述：

对于按指定格式给出的一组有序数据，往往需要根据用户的要求进行特定处理，如求最大值、最小值、所有数据的和、数据个数以及按升序排列数据等。

输入：

两行。第1行是以逗号分隔或者用[ ]、( )、{ }括起来并用逗号分隔的一组数值型数据。第2行是一个字符串，表示用户需要进行的操作。max表示求最大值，min表示求最小值，sum表示求所有数据的和、len表示求输入数据的个数、sorted表示按升序排列数据。括号和逗号均为半角字符。

输出：

对输入数据按操作要求得到的结果。排序后的数据输出格式如输出举例所示。

输入举例1：

(1,3,9,0,7,3,1,5,6,8,8)

sorted

输出举例1：

[0,1,1,3,3,5,6,7,8,8,9]

输入举例2：

[8,5,2,1,9,6]

max

输出举例2：

9

输入举例3：

{123,45,6}

sum

输出举例3：

174

输入举例4：

123,45,6

sum

输出举例4：

174

输入举例5：

[7,89,10,2]

min

输出举例5：

2

输入举例6：

{31,45,6,5,9,8}

len

输出举例6：

6

分析：

实现以上任务的方法有多种。

方法1：这是最容易想到的方法。先通过input()函数输入得到字符串后，若首尾有大/中/小括号，则先去掉它们，接下来将逗号作为分隔符通过字符串的split()函数得到要处理的元素，构成数字字符串的列表，再逐个将列表的字符串元素转换为整数类型。之后根据输入指示操作的字符串，用if语句判断并分别进行相应处理，得到相应结果。这种做法的过程及代码都比较烦琐，读者可自己实现。

方法 2：对于本任务指定输入数据的格式，可以直接利用 eval(input())的方式实现对列表数据的输入。例如，eval("[1,5,7,3]")的值就是一个包含数值型元素 1,5,7,3 的列表。

其后续处理也可以利用 eval()函数实现。此处的操作是求最大值、最小值、所有数据的和、数据个数以及按升序排列数据，对应的指示操作的字符串为"max","min","sum","len","sorted"。非常有趣的是，这些字符串恰好与 Python 实现相应功能的内置函数完全同名，这些内置函数能针对列表进行操作。因此，可以利用字符串的拼接和 eval()函数实现输出要求。程序代码如下所示，其特点是代码非常简洁。

参考程序代码：

```
1  aList=eval(input())
2  op=input()
3  print(eval(op+"(aList)"))
```

说明

第 1 行：通过 input()函数获得用户输入的列表数据，input()函数返回值类型为字符串类型，接着利用 eval()函数将字符串转换为 Python 的列表对象。

第 2 行：获得输入的表示操作的名称 op，为字符串类型。注意：在此编程任务中，输入的表示操作的名称与 Python 内置的函数名完全相同。因此，可将 op 看作函数名。

第 3 行：op＋"(aList)"是将字符串 op 与"(aList)"做拼接操作，得到函数调用形式的字符串。然后通过 eval()函数将此字符串作为程序代码执行并得到返回结果，最后通过 print()函数输出此结果。必须注意的是：此行代码中字符串"aList"必须与第 1 行的变量名 aList 相同。

例如，输入[1,2,3,4]，那么执行第 1 行后，得到一个 Python 的列表对象，对象名为 aList，其值为有 4 个整数元素的列表[1,2,3,4]。执行第 2 行后，字符串对象 op 获得了输入的操作名，如"sum"。执行第 3 行后，op＋"(aList)"得到字符串"sum(aList)"，再执行 eval("sum(aList)")，将对列表对象 aList 执行求和，得到结果 10 作为 eval("sum(aList)")函数的返回值，之后通过 print()函数输出此值，得到结果 10。

重要知识点：

（1）eval()函数对各种格式的输入数据的处理能力。

（2）eval()函数对表达式的处理。

（3）针对列表操作的常用函数：max()，min()，sum()，len()，sorted()。

实验 5.2　小数转分数

任务描述：

输入一个非负小数，将其转换为形如“分子/分母”的最简分数（分子分母的最大公约数为 1），编程实现。

输入：

第 1 行为正整数 n，表示测试用例的个数。其后的 n 行，每行为一个测试用例，表示一个带小数点的非负数。小数的位数为 1～20 位。

输出：

每个测试用例输出一行，输出形如“分子/分母”的最简分数。

输入举例：

6

12.34

0.008

125.125

1.234567890123456789

1235.0

0.0

输出举例：

617/50

1/125

1001/8

1234567890123456789/1000000000000000000

1235/1

0/1

分析：

将小数转换为分数的方式有多种。但是，在本编程任务中应该注意的是：输入的小数不能用 float(input()) 的方式转换为浮点数类型后存放。由于 Python 的浮点数类型只能最多精确到 16 位有效数字，而本任务输入的小数位就可能达到 20 位，如果用浮点数存储就会造成精度损失，最后转换为分数的结果就不满足本编程任务的要求。

因此，只能将输入的小数当作字符串处理。从小数点处拆分，得到小数部分的位数 d，那么分数的分母就是 10^d；分子由整数部分和小数部分拼接后转换为整数得到。利用 math 库中的 gcd() 函数求分子分母的最大公约数，之后输出分子、分母同除以此公约数后的结果即可。

参考程序代码：

```
1   import math
2   n=int(input())
3   for i in range(n):
4       aList=input().split(".")
5       fm=10**len(aList[1])
6       fz=int(aList[0]+aList[1])
7       k=math.gcd(fz,fm)
8       print("{}/{}".format(fz//k,fm//k))
```

说明

第 1 行：导入 math 库。

第 2 行：获得输入的测试用例个数。

第 3～8 行：for 循环结构。共循环 n 次，每循环一次，处理一个测试用例。

第 4 行:获得输入的小数,并从小数点处拆分为两个子字符串,存放在列表 aList 中。其中,aList[0]存放了表示输入小数的整数部分的字符串,aList[1]存放了表示输入小数的小数部分的字符串。

第 5 行:分母 fm 的值为 10 ** len(aList[1]),其中 len(aList[1])为小数部分的字符串长度(小数部分的位数)。

第 6 行:将整数部分与小数部分的字符串拼接起来,再转换为整数。因为 Python 支持大整数,所以在此不用担心整数太大会溢出的问题。

第 7 行:调用 math.gcd(fz,fm)函数,得到分子分母的最大公约数 k。

第 8 行:按格式要求输出最简分数。

重要知识点:

(1) 掌握小数转分数的过程分析。

(2) 字符串的拆分和拼接,以及格式化输出。

(3) 幂运算的运用。

(4) 最大公约数函数的运用。

实验 5.3　矩阵乘法

任务描述:

矩阵运算在科学计算和解决实际工程问题中有重要应用。

已知矩阵 $\boldsymbol{A}$ 与矩阵 $\boldsymbol{B}$,求它们的乘积 $\boldsymbol{C}=\boldsymbol{A}\times\boldsymbol{B}$,其中 $\boldsymbol{A}=(A_{ij})_{m\times n}$ 为 $m\times n$ 矩阵,$\boldsymbol{B}=(B_{ij})_{n\times p}$ 为 $n\times p$ 矩阵。编程实现。

矩阵相关基本概念:

(1) $m\times n$ 表示矩阵的元素是由 m 行 n 列个数构成的。

(2) 依照矩阵乘法规则,乘积结果 $\boldsymbol{C}$ 为 $m\times p$ 矩阵,且 $\boldsymbol{C}$ 的各元素的计算公式为

$$C_{ij}=\sum_{k=1}^{n}A_{ik}B_{kj}\quad(1\leqslant i\leqslant m,1\leqslant j\leqslant p)。$$

例如,设矩阵 $\boldsymbol{A}=\begin{pmatrix}1 & 2\\3 & 4\\5 & 6\end{pmatrix}$,$\boldsymbol{B}=\begin{pmatrix}1 & 2 & 3\\4 & 5 & 6\end{pmatrix}$,则矩阵 $\boldsymbol{C}=\boldsymbol{A}\times\boldsymbol{B}=\begin{pmatrix}9 & 12 & 15\\19 & 26 & 33\\29 & 40 & 51\end{pmatrix}$。

输入:

两行,分别表示矩阵 $\boldsymbol{A}$ 和 $\boldsymbol{B}$。矩阵 $\boldsymbol{A}$ 的列数与矩阵 $\boldsymbol{B}$ 的行数相同。

在程序代码中,每个矩阵的表示方式为:整个矩阵在一对方括号内,其中每行元素也用一对方括号括起;行与行之间以及同行的列之间用逗号分隔;括号和逗号均为半角字符。

输出:

一行,为矩阵 $\boldsymbol{A}$ 与 $\boldsymbol{B}$ 相乘的结果矩阵。表示方式同输入,只是在每个半角逗号后加了一个空格。

输入举例 1:

[[1,2],[3,4],[5,6]]
[[1,2,3],[4,5,6]]

输入举例 2:

[[2],[3]]
[[4,5,6]]

输出举例1：

[[9, 12, 15], [19, 26, 33], [29, 40, 51]]

输入举例3：

[[1,0,0],[0,1,0],[0,0,1]]

[[1,2,3,4],[5,6,7,8],[9,10,11,12]]

输出举例3：

[[1, 2, 3, 4], [5, 6, 7, 8], [9, 10, 11, 12]]

输出举例2：

[[8, 10, 12], [12, 15, 18]]

输入举例4：

[[4,5,6]]

[[1],[2],[3]]

输出举例4：

[[32]]

分析：

以上数据的输入可以直接利用 eval(input())的方式获得，得到结果数据类型为列表。本编程任务要求的输出格式就是 Python 列表的默认输出格式。

可用 Python 的二维列表实现对有若干行、若干列的矩阵数据的存储。

在此提供两种方式解决本编程任务的矩阵乘法。

方式 1：根据矩阵乘法的计算公式，读者可自行编写代码实现此计算过程，只需要对结果矩阵的每个元素分别进行计算即可。具体实现参见程序代码(方式 1)。

方式 2：利用 numpy 库提供的矩阵计算函数实现。如果没有安装 numpy 库，请先自行安装。具体实现参见程序代码(方式 2)。

参考程序代码(方式 1)：

```
1   A=eval(input())
2   B=eval(input())
3   m,n,p=len(A),len(B),len(B[0])
4
5   C=[]
6   for i in range(m):
7       C.append([0] * p)
8
9   for i in range(m):
10      for j in range(p):
11          t=0
12          for k in range(n):
13              t+=A[i][k] * B[k][j]
14          C[i][j]=t
15  print(C)
```

说明

第 1 行：利用 input()函数获取第 1 个输入矩阵数据，通过 eval()函数将其转换为二维列表存放在变量A中。

第2行：将输入的第2个矩阵存放到二维列表变量B中。

第3行：变量m,n,p分别为矩阵A的行数、矩阵B的行数、矩阵B的列数。需要注意的是：n为矩阵B的行数，也是矩阵A的列数。结果矩阵C一定是m行p列的。

第5～7行：初始化二维列表C为m行p列，每个元素值均为0(当然，此例中用其他初始值也行，如None)。然而这个初始化不能写成C=[[0]*p]*m，否则得到的结果列表C的每行结果相同，这是由每行所指向的实际数据存储空间相同所导致的。如果用列表解析式，第5～7行的等价写法为C=[[0]*p for i in range(m)]。

第9～14行：嵌套的for循环结构，三重循环。外两重循环实现对结果矩阵C的m行p列元素的逐个计算。根据公式可知，C[i][j]的值是由A的第i行与B的第j列的对应元素相乘后的累加和。

第11行：存放累加和的变量t必须在最内层循环之前初始化为0，否则累加和的结果会不正确。

第12～13行：最内层的for循环结构用来实现公式的累加过程。

第14行：得到的累加和的结果t存放到二维列表C的第i行第j列的元素中。

参考程序代码(方式2)：

```
1  import numpy as np
2  A=np.array(eval(input()))
3  B=np.array(eval(input()))
4  print(np.dot(A,B).tolist())
```

说明

第1行：导入numpy库并将其重命名为np。

第2行：输入矩阵A，通过eval()函数转换为列表，然后调用np.array()函数将其转换为numpy的矩阵类型。

第3行：输入矩阵B。

第4行：np.dot(A,B)实现矩阵A,B的乘积运算，结果仍然是numpy的矩阵类型。为了满足输出格式要求，通过调用numpy库中的tolist()函数，将其转换为列表后再输出。

重要知识点：

(1) 用二维列表表示矩阵。

(2) 按矩阵乘法计算公式实现矩阵运算。

(3) 利用numpy库实现矩阵乘法运算。

实验5.4 已过全年天数百分比

任务描述：

某公司为激励员工按期达到年度目标，将当前日期已经过去全年的百分之几和已完成全年目标任务情况做对比。

在此，给定某日期的年、月、日，编写程序，输出该天是当年的第几天，以及到该天为止（包括该天）已经过去的天数占当年总天数的百分之几。

输入：

一行，用空格分隔的年月日。此日期合乎历法。

输出：

第1行输出该天是当年的第几天（当年内到该天的天数）。

第2行输出天数占当年总天数的百分数。保留2位小数。

输入举例1：

2020 2 1

输出举例1：

32

8.74%

输入举例2：

2020 12 31

输出举例2：

366

100.00%

输入举例3：

2020 7 1

输出举例3：

183

50.00%

分析：

对于本编程任务，在此提供两种解决方式。

方式1：按日历知识计算当年内到该天的天数、当年的总天数以及它们的百分比。

基本的日历知识：大月31天，小月30天，闰年二月有29天，平年二月有28天。能被4整除且不能被100整除，或者能被400整除的年份为闰年。例如，2000年是闰年，1900年不是闰年。

方式2：利用datetime库提供的日期相关函数来实现。

参考程序代码（方式1）：

```
1  import datetime as dt
2  y,m,d=input().split()
3  y,m,d=int(y),int(m),int(d)
4  dateObj=dt.date(y,m,d)
5  days=int(dateObj.strftime("%j"))
6  yearDays=int(dt.date(y,12,31).strftime("%j"))
7  print(days)
8  print("{:.2f}%".format(days*100/yearDays))
```

说明

第1行：导入datetime库并重命名为dt。

第2行：得到年月日数据，存放到变量y,m,d中，这3个变量为字符串类型。

第3行：将存放了年月日的3个变量y,m,d转换为整数类型。

第4行：调用datetime库中的date(y,m,d)函数构造日期对象dateObj。

第5行：得到输入年月日对应的日期是该年的第几天。调用日期对象dateObj的strftime("%j")函数，返回该日期在全年内的第几天，结果为长度为3的字符串，不足3位的在字符串前面补0。然后调用int()函数将此字符串转换为对应的整数，结果存放到变量days中。此时days的值为整数，没有前导0。

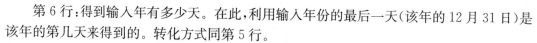

第 6 行：得到输入年有多少天。在此，利用输入年份的最后一天（该年的 12 月 31 日）是该年的第几天来得到的。转化方式同第 5 行。

第 7 行：输出 days 的值。

第 8 行：按保留 2 位小数的百分数方式输出已过全年天数百分比。

参考程序代码（方式 2）：

```
1   y,m,d=input().split()
2   y,m,d=int(y),int(m),int(d)
3   mDays=[31,28,31,30,31,30,31,31,30,31,30,31]
4   sum=d
5   isLeap=0
6   if (y%4==0 and y%100!=0)or y%400==0:
7       isLeap=1
8   for i in range(m-1):
9       sum+=mDays[i]
10  if m>2 and isLeap:
11      sum+=1
12  print(sum)
13  print("{:.2f}%".format(sum*100/(365+isLeap)))
```

说明

第 3 行：用列表 mDays 存放一年 12 个月的每月天数。其中二月按 28 天算。mDays[i] 的值为第 i+1 个月的天数，即 i 取值为 0 对应一月，取值为 1 对应二月……取值为 11 对应十二月。

第 4 行：变量 sum 将用来累计输入的日期在该年内到当日的天数。将变量 d 的值作为其初值，d 值就是该月内到当日的天数。

第 5 行：变量 isLeap 是用来表示输入的年份是否为闰年。若是，则其值为 1；否则，为 0。初始值为 0，表示默认情况下该年不是闰年。

第 6～7 行：判断给定的年是否为闰年。在此条件表达式中的括号虽然可以去掉，但是加上括号使逻辑更清晰。若是闰年，则二月份是 29 天，从而将 isLeap 赋值为 1。

第 8～9 行：for 循环结构。共循环 $m-1$ 次，i 的取值范围为 $[0, m-2]$，此循环的作用是累加 m 月之前的每月天数。将第 1 到 $m-1$ 月的天数累加到变量 sum 中，其中 mDays[i] 的值为第 $i+1$ 个月的天数。

第 10～11 行：只有当输入月份 m 大于 2 并且该年是闰年，才需要在总天数 sum 增加 1 天。此条件的反面是：若 $m \leqslant 2$ 或者 y 不是闰年，则不需要将总天数 sum 增加 1 天。

第 12 行：输出总天数 sum，它就是输入的日期在该年的第几天。

第 13 行：输出天数占当年总天数的百分比。全年天数一般为 365 天，若是闰年则多加一天，用表达式 365+isLeap 实现。

重要知识点：

(1) 利用 datetime 库得到当前日期是年内第几天以及全年天数。

(2) 按公式计算当前日期是年内第几天以及全年天数。

(3) 保留 2 位小数的百分数的表示。

实验 5.5 实验数据处理

任务描述：

某次实验得到了一组数据，对这一组数据按升序排列。若由于仪器和测量等特定原因实验数据中出现负数(不合理的数据)，则要舍弃，不参与排序。

输入：

用空格分隔的若干个实验数据，均为整数，至少有一个数据不为负数。

输出：

去掉负值且按升序排列后的实验数据，用列表方式输出，输出格式见输出举例。

输入举例 1：

8 −5 −9 0 −3 4 10 6 −7 −1 2

输出举例 1：

[0, 2, 4, 6, 8, 10]

输入举例 2：

3 −2 1 −8 7 −4 9 −10 5 −6

输出举例 2：

[1, 3, 5, 7, 9]

分析：

有多种方式实现以上编程任务。

方式 1：利用循环结构逐个地将正数挑选出来，存放到新的列表，排序后再输出，具体实现见参考程序代码(方式 1)

方式 2：利用带条件的列表解析式能使代码更简洁，只有两行代码，具体实现见参考程序代码(方式 2)。

方式 3：先运用列表解析式将列表元素转换为整数，然后利用 filter()函数对列表元素进行过滤，最后排序输出，具体实现见参考程序代码(方式 3)。

参考程序代码(方式 1)：

```
1  aList=input().split()
2  data=[]
3  for x in aList:
4      intVal=int(x)
5      if intVal>=0:
6          data.append(intVal)
7  print(sorted(data))
```

说明

第 1 行：获得用户输入的数据并且按空格拆分为子串，结果存放到列表 aList 中，此列表的元素为字符串类型。

第 2 行:建立空列表 data。

第 3～6 行:for 循环结构。逐个处理列表 aList 中的每个元素,将其正值存放到新列表 data 中。循环变量 x 将遍历 aList 中的每个元素,x 的数据类型为字符串类型。

第 4 行:将字符串变量 x 的值转换为整数型数值,存放到变量 intVal 中。

第 5～6 行:判断变量 intVal 的值是否为非负数,若是,则将 intVal 的值添加到列表 data 的末尾。

第 7 行:输出对 data 排序后的结果。以上 for 循环执行完毕后,data 中一定存放了原来 aList 中表示非负整数的那些值。

参考程序代码(方式 2):

```
1  data=[int(e) for e in input().split() if int(e)>=0]
2  print(sorted(data))
```

说明

第 1 行:将输入数据拆分成元素为字符串类型的列表,然后利用列表解析式,将其中非负元素转换为整数类型,存放到结果列表 data 中。

第 2 行:将列表 data 排序后返回的列表输出。

参考程序代码(方式 3):

```
1  data=[int(e) for e in input().split()]
2  aFilter=filter(lambda e:e>=0,data)
3  print(sorted(aFilter))
```

说明

第 1 行:获得输入数据,拆分为字符串列表,存放到列表 data 中。

第 2 行:利用 filter()函数,将 data 中的非负元素筛选出来,即过滤掉负数,得到过滤器对象 aFilter。

第 3 行:利用 sorted()函数对过滤器对象 aFilter 中的元素进行排序,得到升序排列的列表。

对 filter()函数感兴趣的读者可自行查阅相关资料。

重要知识点:

(1) 利用条件语句对输入数据进行过滤。

(2) 列表的初始化与元素的追加。

(3) 利用 sorted()函数实现列表的排序。

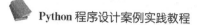

实验 5.6　姓氏人数统计

任务描述:

给定一组姓名,统计各个姓氏的人数,编程实现。为了简单起见,在此约定:姓名的第 1 个汉字为姓氏。

输入:

一行数据,以空格分隔的多个姓名。

输出:

若干行,每行输出姓氏和人数,输出格式参考输出举例。按姓氏出现的顺序输出每个姓氏的人数。

输入举例1:

张三 李四 王五 赵六 李明 王明 赵小明 朱大元 刘丰 朱四 刘易 李敏 李陆 刘田

输出举例1:

张姓1人
李姓4人
王姓2人
赵姓2人
朱姓2人
刘姓3人

输入举例2:

王大明 王晓明 王二敏 王忠明

输出举例2:

王姓4人

分析:

本编程任务适合利用Python的字典数据类型来实现。姓氏作为“键”(key),该姓氏的人数作为与该键对应的“值”(value)。

参考程序代码:

```
1   names=input().split()
2   xingDict={}
3   for name in names:
4       xing=name[0]
5       if (xing in xingDict):
6           xingDict[xing]+=1
7       else:
8           xingDict[xing]=1
9   for e in xingDict:
10      print(e+'姓'+str(xingDict[e])+'人')
```

说明

第1行:获得用户输入的姓名并存放到变量names中。

第2行:初始化用来统计每个姓氏人数的字典xingDict为空字典。

第3～8行:for循环结构。其作用是对输入的姓名逐个进行处理,将每个姓氏的人数进行统计，结果存放在字典 xingDict 中。

第 4 行：获得姓名字符串中的第 1 个字符，即为该姓名中的姓氏。

第 5～8 行：if 分支结构。其作用是先判断某姓氏作为“键”的元素是否在字典中已经存在，若存在，则将该姓氏原有的次数读出来，增加 1，再存回去；否则，创建一个新“键-值”对，其“键”为该姓氏，对应的“值”为 1，即该姓氏出现的次数为 1 次，是首次出现。

第 9～10 行：for 循环结构。其作用是遍历存放姓氏次数的字典 xingDict，输出每个姓氏的人数。遍历的姓氏的顺序能保持其建立的“键-值”对的顺序。这是 Python 3.6 以后的字典具有的特性，正好能满足本编程任务对输出顺序的要求。

重要知识点：

(1) 字典的常用操作。

(2) 用 for…in…循环遍历字典中的“键-值”对。

实验 5.7 谁缺席了

任务描述：

在日常生活中经常遇到需要根据名单清点哪些人没有到场的情形。给定应该到场的人员名单和已经到场的人员名单，编写程序输出没有到场的人员名单。

输入：

两行，第 1 行为空格分隔的应到人员名单，第 2 行为空格分隔的已到人员名单。已到人员名字一定在应到人员名单中。

输出：

按在应到人员名单中的顺序输出缺席人员名单，名字之间用全角逗号（中文逗号字符）分隔。如果全到，那么输出“无”。逗号只能在人名之间，全到、只有一个人名或多个人名的末尾均不能有逗号。

输入举例 1：

朱易 刘尔 张三 李四 王五 赵六 肖奇 孙葩 周久 吴实
吴实 朱易 孙葩 赵六 周久 刘尔 肖奇

输出举例 1：

张三，李四，王五

输入举例 2：

张三 李四 王五
王五 张三

输出举例 2：

李四

输入举例 3：

张三 李四 王五
王五 张三 李四

输出举例 3：

无

分析：

对于本编程任务，如果没有输出结果的次序要求和输出结果的格式要求，仅仅需要输出缺席的名单，那么可以利用如下代码实现：

```
ASet,BSet=set(input().split()),set(input().split())
print(ASet-BSet)
```

以上代码利用了 Python 集合类型及其运算。集合数据类型的底层实现机制不能保证集合中的元素在运算前后其相对顺序不变，而列表数据类型却可以。显然，以上代码并不能满足本编程任务的要求。

因此，我们采用将应到名单用列表数据类型的变量来存储的方法，以便保持元素相对顺序不变。

为了在两个名字之间输出全角逗号，在此采用了标志变量 isNone，该标志变量的值为 True，表示无人缺席；值为 False，表示有人缺席。显然，其初值设为 True 是合理的。

利用 for 循环逐个读取应到人员名单的名字，并判断该人是否在已到人员集合中，若不在，则输出该人员名字；否则，循环处理应到名单中的下一个名字。在循环过程中，根据标志变量的值可以实现全角逗号的正确输出。循环结束后，依然根据此变量的值来判断是否无人缺席。

具体逻辑和实现方式，请结合以下代码来理解。

参考程序代码：

```
1   aList=input().split()
2   bSet=set(input().split())
3   isNone=True
4   for a in aList:
5       if a not in bSet:
6           if isNone:
7               print(a,end="")
8               isNone=False
9           else:
10              print("，{}".format(a),end="")
11  if isNone:
12      print("无")
```

说明

第 1 行：将输入的应到人员名单转换为列表，存放到列表变量 aList 中。

第 2 行：将输入的已到人员名单转换为集合，存放到变量 bSet 中。

第 3 行：给标志变量 isNone 赋初始值 True，表示在以下循环检查每个人到场情况前，假定“没有任何人缺席”，这是合理的。

第 4～10 行：for 循环结构。每循环一次处理并输出一个应到人员的到场情况。

第 5～10 行：嵌套在 for 循环结构内的条件判断。它体现的逻辑是：在每次 for 循环过程中，当发现本次检查的人员不在已到名单集合中时，输出结果时需要区分是否输出全角逗号这两种情况，可根据标志变量 isNone 的值来实现。

第 6～8 行：处理情况一，如果标志变量 isNone 的值为 True，那么意味着此人一定是第

1 个缺席的。此时,仅输出其名字,不输出全角逗号,并且修改标志变量 isNone 的值为 False。

第 9～10 行:处理情况二,如果标志变量 isNone 的值为 False,那么意味着此人一定是第 2 及第 2 个以后缺席的。此时,先输出全角逗号,再输出其名字。先输出的全角逗号正好能分隔前一个输出的缺席人名与本次将输出的缺席人名。这样,逗号就仅存在于输出的缺席人名之间,不会输出多余的逗号。

第 11～12 行:整个循环结束后,如果标志变量 isNone 的值为 True,那么意味着无人缺席,从而输出"无"。

需要特别说明的是:在第 2 行代码中,如果已到人员名单的存储类型同应到人员名单的一样,也用列表数据类型存储,其程序的功能不受影响。然而,因为集合和列表的底层实现机制不一样,判断一个元素是否在集合内的运行效率远远高于判断一个元素是否在列表中。因此,对于如下情形推荐使用集合来存储数据:无需保持元素相对顺序不变,并且需要对此集合执行很多次"判断某个元素是否在集合中"的操作。当应到和实到的人数越多,两种存储方式的运行效率差别就会越明显。

重要知识点:

(1) 集合的运用:列表转换为集合、判断一个元素是否在列表中。

(2) 标志变量的运用。

(3) 循环结构的运用。

(4) 输出格式控制。

实验 5.8　成 绩 排 序

任务描述:

给定某次考试后的若干名学生的成绩数据,编写程序,将成绩按从小到大的顺序排序。

输入:

一行,表示若干名学生的成绩,成绩为小于等于 100 的非负整数,数据用一个空格分隔。学生人数大于 0 且小于 1000。

输出:

一行,按升序排列的学生成绩,数据间用一个空格分隔。输出的末尾不能有空格。

输入举例:

```
9 73 91 52 8 99 64 100 75 82 89
```

输出举例:

```
8 9 52 64 73 75 82 89 91 99 100
```

分析:

对于本编程任务,在此提供两种方式实现。

方式 1:先将列表中的每个元素从字符串类型转换为整数类型,然后用循环输出结果并控制格式输出。

方式 2:利用列表解析式将输入数据转换为整数型列表,调用列表的 sort()函数进行排序后,再次利用列表解析式将整数类型的列表转换为字符串类型的新列表。接下来,通过调用空格字符串的 join()函数将新列表中的元素以空格进行拼接,最后输出此拼接的字符串,即为所要求的输出结果。

参考程序代码(方式 1):

```
1  strScores=input().split()
2  intScores=[]
3  for aScore in strScores:
4      intScores.append(int(aScore))
5  intScores.sort()
6  length=len(intScores)
7  for i in range(length):
8      if i!=0:
9          print(" ",end="")
10     print(intScores[i],end="")
```

说明

第 1 行:将输入的以空格分隔的数据存放在列表变量 strScores 中,其元素的类型为字符串类型。

第 2 行:定义一个空列表 intScores,用来存放将列表 strScores 中的元素转换为整数类型后的数据。

第 3～4 行:for 循环结构。将列表 strScores 中每个元素转换为整数类型并逐个添加到列表 intScores 的后面。

第 5 行:将存放了整数型数据结果的列表 intScores 中的元素按升序排列。

第 6 行:得到列表 intScores 中的元素个数。

第 7～10 行:for 循环结构,用来逐个输出排序后列表 intScores 中的值。输出结果时,若循环到的是列表的第 1 个元素,则不输出空格,直接输出该元素;否则,先输出空格,再输出该元素。这样,就能达到用空格分隔元素但行尾没有空格的效果。

参考程序代码(方式 2):

```
1  intScores=[int(e) for e in input().split()]
2  intScores.sort()
3  strScores=[str(e) for e in intScores]
4  print(' '.join(strScores))
```

说明

第 1 行:获得输入的数据并转换为整数类型后存放到列表变量 intScores 中。

第 2 行:对列表 intScores 中的元素按升序排列。

第 3 行:将列表 intScores 中的元素转换为字符串类型存放到新列表 strScores 中。

第 4 行：调用空格字符串的 join()函数，实现列表 strScores 中的每个字符串元素以空格作为分隔符拼接成一个新的字符串，最后通过 print()函数将此字符串输出，即得到结果。

重要知识点：

(1) 转换列表元素类型：从字符串类型转换为整数类型。

(2) 元素为整数的列表的排序。

(3) 输出格式控制。

实验 5.9　考试成绩分布情况

任务描述：

考试后，为了得到学生成绩的一些统计特性，需要编程来统计每个分数的人数，以便利用绘图工具将其绘制成成绩分布曲线。成绩采用百分制，且均为非负整数。

输入：

代表若干名学生考试成绩的介于区间[0,100]的整数，数据之间由一个空格分隔。

输出：

从 0 分到 100 分，按以下输出举例的格式，依次输出每个分数的人数。

输入举例：

93 98 85 0 70 98 66 60 100 60 54 78 78 61 71 75 72 70 67 71 76 66 72 80 60 100 53 68 69 70 74 70 82 80 67 75 68 68 54 66 83 66 60 72 64 82 72 67 86 73 75 49 84 81 73 73 66 78 63 54 48 76 78 66 68 48 80 79 75 50 39 87 82 71 98 90 47 73 79 82 83 85 84 79 72 74 63 65 51 53 22 25 19 39 44 46 65 75 99 78

输出举例：

0 score:1

1 score:0

2 score:0

(在此省略了分数为 3～97 分的输出结果)

98 score:3

99 score:1

100 score:2

分析：

对于本编程任务，在此提供两种实现方式。

方式 1：用列表实现。例如，用列表 cntList[i]来存储分数为 i 的人数，具体实现见参考程序代码(方式 1)。

方式 2：用字典实现。例如，用字典 cntDict[i]来存储分数为 i 的人数，具体实现见参考程序代码(方式 2)。

虽然在从 Python 的代码形式上看，不管是列表还是字典，都是通过下标与相应的元素建立对应关系的，但是字典和列表在底层实现上采用了不同的方式。列表的下标只能是整数类型，字典的下标可以是任意类型。

参考程序代码(方式 1):

```
1  scores=input().split()
2  cntList=[0]*101
3  for aScore in scores:
4      cntList[int(aScore)]+=1
5  for i in range(101):
6      print(str(i)+" score:"+str(cntList[i]))
```

说明

第 1 行:将输入的用空格分隔的学生成绩存放到列表变量 scores 中,其中的每个元素为一个成绩,数据类型为字符串类型。

第 2 行:列表 cntList 用来累计每个分数的人数。cntList[i]表示分数为 i 的人有 cntList[i]个。初始时,每个分数的人数为 0 个。分数的取值范围为[0,100],共 101 个元素。

第 3~4 行:for 循环结构,其作用是对学生成绩逐个进行处理。具体来说,第 4 行语句实现了成绩为 aScore 的人数累计,该语句等价于 cntList[int(aScore)]=cntList[int(aScore)]+1。这是将成绩 aScore 转换为整数后,将此整数作为列表 cntList 的下标,读取 cntList 中该下标对应的元素。其值增加 1 之后,再将结果存回到该元素中,从而实现对成绩为 aScore 的人数累计。

第 5~6 行:for 循环结构。按输出格式要求,换行依次输出分数为 0 分、1 分……100 分的人数。分数与英文之间用空格分隔。

参考程序代码(方式 2):

```
1  scores=input().split()
2  cntDict={}
3  for i in range(101):
4      cntDict[i]=0
5  for aScore in scores:
6      cntDict[int(aScore)]+=1
7  for i in range(101):
8      print(str(i)+" score:"+str(cntDict[i]))
```

说明

第 2 行:字典变量 cntDict 用来计数每个分数的人数。

第 3~4 行:for 循环结构。分数取值范围为[0,100],对这 101 个字典元素赋初始值为 0,cntDict[i]表示分数为 i 的人有 cntDict[i]个。在此,将分数 i 作为字典元素的"键",而将该"键"对应的"值"表示分数为 i 的人数有 cntDict[i]个。需要特别说明的是:自 Python 3.6

以后版本的字典数据类型具有能保持字典元素的顺序为元素初始化顺序的特性。在此是按分数从 0 分到 100 分的顺序初始化每个分数的人数，从而遍历该字典的顺序就是按 0 分到 100 分的顺序。

第 5～6 行：for 循环结构，其作用是对成绩逐个进行处理。具体来说，第 6 行语句实现了成绩为 aScore 的人数累计，该语句等价于 cntDict[int(aScore)]＝cntDict[int(aScore)]＋1。这是将成绩 aScore 转换为整数后，将此整数作为字典 cntDict 的下标，即作为字典元素的"键"，读取 cntList 中该下标对应的元素，即字典的"值"，将其增加 1 之后的结果存回到该元素中。这样，就实现了对成绩为 aScore 的人数累计。

重要知识点：

（1）用列表来存储各个分数的人数。

（2）用字典来存储各个分数的人数。

（3）列表和字典在概念、用法、适用场合等方面的区别。

实验 5.10 生 词 表

任务描述：

给定一段英文文章以及某人已掌握的英文词汇，编写程序，输出某人对此段文章的生词表。

英文标点符号(包括逗号、句号、分号、冒号、叹号、问号、连字符、单引号、双引号等)不算单词，也不属于单词的组成部分。所有单词不区分大小写。

is 的缩写形式 's、am 的缩写形式 'm、not 的缩写形式 n't、are 的缩写形式 're，均按其前缀词计。例如，it's，he's，she's，haven't，isn't，don't，doesn't，we're，there're 分别按单词 it，he，she，have，is，do，does，we，there 计。

输入：

两行，第 1 行为一段英文文章，第 2 行为以空格分隔的已掌握的英文词汇，词汇中的单词全部小写。

输出：

此段文章的生词表，按生词在文章中第 1 次出现的次序输出，生词之间用空格分隔，行尾无空格。输出的所有单词全部小写。

输入举例 1：

I have a dream that one day this nation will rise up and live out the true meaning of its creed: "We hold these truths to be self-evident: that all men are created equal. " I have a dream that one day on the red hills of Georgia the sons of former slaves and the sons of former slave owners will be able to sit down together at the table of brotherhood. I have a dream that one day even the state of Mississippi, a state sweltering with the heat of injustice, sweltering with the heat of oppression, will be transformed into an oasis of freedom and justice. I have a dream that my four little children will one day live in a nation where they will not be judged by the color of their skin but by the content of their character. I have a dream today. I have a dream that one day, down in Alabama, with its vicious racists, with its governor having his lips dripping with the words of interposition and nullification; one day right there in Alabama, little black boys and black girls will be able to join hands with little white boys and white girls as sisters and brothers. I have a dream today. I have a dream that one day every valley shall be exalted, every hill and mountain shall be made low, the rough places will be made plain, and the crooked places will be made straight, and the glory of the Lord shall be revealed, and all flesh shall see it together.

a able all an and are as at be black boys brothers but by children color content created creed day down dream equal even every evident flesh former four freedom georgia girls glory governor hands having heat hill hills his hold i in injustice into it its join judged justice lips little live lord low made meaning men mississippi mountain my nation not of on one out owners places plain racists red right rise rough see self shall sisters sit skin slave slaves sons state straight table that the their there these they this to today together true truths up valley we where white will with words

输出举例 1:

have brotherhood sweltering oppression transformed oasis character alabama vicious dripping interposition nullification exalted crooked revealed

输入举例 2:

It's cat. That is a cat—big cat. He's boy! I'm a student, but she's girl; We haven't been there. It isn't true. Don't believe? He says: "she said:'doesn't listen to me', but we're family". There're many chicks.

a been believe but do does girl have he i is it many me said says she there to we

输出举例 2:

cat that big boy student true listen family chicks

分析:

对于本编程任务,需要处理标点符号和缩写,可利用正则表达式来完成。当然,也可以不使用正则表达式,而是可以多次调用字符串的 replace()函数来实现,只是这样的代码不够简洁。

列表能保持顺序不变,而集合具有高效的运行效率,如查找某个元素是否在集合中。因此,对于本任务来说,英文文章可用列表存储运行,已掌握的英文词汇可用集合存储,生词表可用列表存储。

参考程序代码:

```
import re
englishText=input()
oldWords=set(input().split())
pattern=re.compile("'s|'m|n't|'re|[.,;:!?'\-\"]")
englishText=re.sub(pattern," ",englishText)
textWords=englishText.lower().split()
```

续表

7	
8	`newWords=[]`
9	`for word in textWords:`
10	`    if word not in oldWords and word not in newWords:`
11	`        newWords.append(word)`
12	`print(" ".join(newWords))`

说明

第 1 行:导入正则表达式的 re 库,其后需要用这个库将标点符号和特定的缩写形式替换为空串。

第 2 行:将输入的英文文章以一个字符串的形式存放到变量 englishText 中。

第 3 行:通过 input()函数得到输入的已掌握词汇后,调用 split()函数将词汇拆分成按空格分隔的单词列表元素,最后利用 set()函数将列表转换为集合。

第 4 行:利用正则表达式 re 库的 compile()函数,建立第 5 行字符串的替换操作所需的模式 pattern。其中,compile(正则表达式)函数的参数“正则表达式”是一个字符串,该字符串以规则的方式表达了母串中什么样的子串能与此规则匹配。该字符串必须遵守正则表达式的语法和写法,具体写法请参考正则表达式相关知识。本例中的正则表达式"'s|'m|n't|'re|[.,;:!?'\-\"]"的含义为:若母串中存在满足以下规则的子串,则匹配成功。规则为:字符串含有 's 或 'm 或 n't 或 're 或是句号、逗号、分号、冒号、叹号、问号、单引号、连字符、双引号中的某一个。注意:其中的连字符、双引号之前必须有反斜杠,否则此双引号与外层的表示字符串的双引号会混淆。

第 5 行:调用 re 库的 sub()函数,将变量 englishText 中与模式 pattern 规则匹配的子串替换为空格字符串。最后将替换后的结果字符串存回到 englishText 中。

第 6 行:将替换后的字符串 englishText 中所有字母小写,然后用空格作为分隔符来拆分成列表,存放到列表变量 textWords 中,其中的元素均为输入英文文章的单词。字符串的 split()函数会将连续的多个空格都当作一个空格分隔进行处理,这正好满足本编程任务的要求。

第 8 行:列表 newWords 用来按序存放文章中的生词。将列表对象 newWords 初始化为空列表。

第 9~11 行:for 循环结构。其作用是逐个查看文章中的单词是否为生词,若是,则将此单词添加到列表 newWords 的末尾。

第 10 行:“生词”必须同时满足两个条件:不在已掌握的词汇中,也不在已有的生词中。

第 11 行:如果文章中的某个词满足“生词”的两个条件,那么通过调用 newWords.append()函数,将此单词添加到 newWords 的末尾。

重要知识点:

(1) 正则表达式的运用。

(2) 列表和集合的运用。

(3) 列表与集合在概念、用法、适用场合等方面的区别。

(4) 字符串大小写转换。

实验 5.11 石头剪刀布的游戏

任务描述：

相信大家都玩过“石头剪刀布”的游戏。现编写程序，让人和机器来玩这个游戏。

游戏界面和示例过程如下：

```
0:石头
1:剪刀
2:布
3:重新开始
4:结束游戏
电脑已确定了出拳且愿与你比试，请输入你的选择：1
本轮结果：你出的"剪刀" 赢 电脑出的"布"
你的战绩：1赢 0平 0输

电脑已确定了出拳且愿与你比试，请输入你的选择：0
本轮结果：你出的"石头" 平 电脑出的"石头"
你的战绩：1赢 1平 0输

电脑已确定了出拳且愿与你比试，请输入你的选择：2
本轮结果：你出的"布" 平 电脑出的"布"
你的战绩：1赢 2平 0输

电脑已确定了出拳且愿与你比试，请输入你的选择：3

电脑已确定了出拳且愿与你比试，请输入你的选择：0
本轮结果：你出的"石头" 平 电脑出的"石头"
你的战绩：0赢 1平 0输

电脑已确定了出拳且愿与你比试，请输入你的选择：4
```

输入：

每次输入用户的选择：0,1,2,3,4,表示相应的操作。

输出：

菜单信息、每次人机对战的过程以及用户的战绩。

输入举例：

参见任务描述中的游戏示例过程，分别输入的是1,0,2,3,0,4。

输出举例：

参见任务描述中的游戏示例过程中的输出。

分析：

电脑随机所出的“石头”“剪刀”“布”利用 random 库提供的随机数函数实现。

对于人机对战的结果“赢平输”的判断和赢、平、输次数的记录可利用字典实现。

游戏的循环进行和选择结束游戏的功能，可以通过 while 循环和 break 语句来实现。重新开始游戏功能的实现方式为：清空比分，不显示本轮战绩，直接进入下一轮循环。

参考程序代码：

```
import random
tab=('石头','剪刀','布','重新开始','结束游戏')
cmpDict={'石头 vs 石头':'平','石头 vs 剪刀':'赢','石头 vs 布':'输',
         '剪刀 vs 石头':'输','剪刀 vs 剪刀':'平','剪刀 vs 布':'赢',
         '布 vs 石头':'赢','布 vs 剪刀':'输','布 vs 布':'平'}
result={'赢':0,'平':0,'输':0}
for i in range (5):
    print(str (i)+":"+tab [i])
while True:
    computer=random.choice(tab[0:3])
    print("电脑已确定了出拳且愿与你比试，请输入你的选择：",end='')
    playerChoice=int(input())
    if playerChoice==3:
        for key in result:
            result[key]=0
        print()
        continue
    elif playerChoice==4:
        break;
    h_m=tab[playerChoice]+'vs'+computer
    print('本轮结果：你出的"'+tab[playerChoice]+'" '+
                cmpDict[h_m]+' 电脑出的"'+computer+'"')
    result[cmpDict[h_m]]+=1
    print('你的战绩：',end="")
    for key in result:
        print(str(result[key])+key,end=" ")
    print('\n')
```

说明

第 1 行:导入 random 库。其后的随机数函数需要用到此库。

第 2 行:用元组存储菜单列表信息。当然,也可用列表来存放,但在此程序中,菜单列表一直不变,用元组更合适。

第 3~5 行:用字典 cmpDict 存放所有可能的“石头”“剪刀”“布”两两比较的结果。

第 6 行:用字典 result 来记录人机对战中的“人”方的赢、平、输次数。初始时,赢、平、输次数均为 0。

第 7~8 行:输出菜单信息。

第 9~26 行:while 循环结构。仅当用户选择 4,才能结束此循环。如果用户选择 0,1,2,那么每循环一次,实现一次人机对战。

第 10 行:让人机对战中的“机”方用随机的方式取定“石头”“剪刀”“布”中的任意一个。实现相同功能的等价写法如下:

computer=tab[0:3][random.randint(0,2)]

第 11 行:输出提示信息。

第 12 行:接受用户输入的信息。用户是指人机对战中的“人”方。

第 13~19 行:if-elif 分支结构。判断用户输入的选择是否为“重新开始”或“结束游戏”,并分别处理。

第 13~17 行:处理“重新开始”的情况。

第 14~15 行:重置字典 result 中的赢、平、输次数,均为 0。此语句利用了字典原有的存储空间,虽用语句 result={'赢':0,'平':0,'输':0}也能实现将赢、平、输的次数清 0 的功能,但此做法需要重新分配存储空间。

第 16 行:输出一个空行。

第 17 行:利用 continue 语句,跳过当前位置开始的 while 循环结构中的语句,直接进入下一次 while 循环。

第 18~19 行:如果用户选择 4,意味着要结束游戏,那么也就是要结束 while 循环,通过 break 语句即可实现。

第 20~26 行:处理和输出人机对战的相关信息。

第 20 行:将“人”方与“机”方的出拳结果拼接起来,以便能从字典 cmpDict 中查到其结果,判断是“输”“赢”还是“平”。

第 21 行:输出本轮人机的出拳结果。

第 22 行:记录“人”方的赢、平、输次数到字典 result 中。

第 23~26 行:输出战绩,分别累计“人”方与“机”方的赢、平、输次数。

重要知识点:

(1) 元组的运用。

(2) 字典的运用。

(3) 循环与分支结构的运用。

(4) 多个结果信息的统计。

实验 5.12　奇数阶幻方

任务描述：

n 阶幻方是指将自然数 $1,2,\cdots,n^2$ 排列在 n 行 n 列的格子中，且同时满足如下要求：

(1) 每个数字必须出现且仅出现一次。

(2) 每行、每列、主对角线、副对角线的数字之和均相等。

对于 n 阶的幻方，排列方式可能并不唯一。但对于奇数阶的幻方，其存在一个非常有趣的解。按以下规律填充 $1\sim n^2$ 的数字，就能构成奇数阶幻方：

在 n 行 n 列的方阵中，从第 1 行正中位置开始填入数字 1，其后按 $1\sim n^2$ 的顺序填入各数。如果当前填入的数 i 是 n 的倍数，那么下次填数的位置在当前位置的正下方；否则，下次填数位置在当前位置的右上角。右上角可能超出方阵的上边界或右边界，若超出上边界，则将数填入右上角所在列的最底行；若超出右边界，则将数填入右上角所在行的最左列。

输入：

一个奇数 n，$0<n\leqslant 201$。

输出：

按上述规律排列的 n 行 n 列幻方。

每列的输出宽度为 n^2 数值的位数，靠右对齐。同行数据之间用一个空格分隔且每行末尾没有空格。

输入举例 1：

```
3
```

输出举例 1：

```
8 1 6
3 5 7
4 9 2
```

输入举例 2：

```
1
```

输出举例 2：

```
1
```

输入举例 3：

```
9
```

输出举例 3：

```
47 58 69 80  1 12 23 34 45
57 68 79  9 11 22 33 44 46
67 78  8 10 21 32 43 54 56
77  7 18 20 31 42 53 55 66
 6 17 19 30 41 52 63 65 76
16 27 29 40 51 62 64 75  5
26 28 39 50 61 72 74  4 15
36 38 49 60 71 73  3 14 25
37 48 59 70 81  2 13 24 35
```

输入举例 4:

```
11
```

输出举例 4:

```
 68  81  94 107 120   1  14  27  40  53  66
 80  93 106 119  11  13  26  39  52  65  67
 92 105 118  10  12  25  38  51  64  77  79
104 117   9  22  24  37  50  63  76  78  91
116   8  21  23  36  49  62  75  88  90 103
  7  20  33  35  48  61  74  87  89 102 115
 19  32  34  47  60  73  86  99 101 114   6
 31  44  46  59  72  85  98 100 113   5  18
 43  45  58  71  84  97 110 112   4  17  30
 55  57  70  83  96 109 111   3  16  29  42
 56  69  82  95 108 121   2  15  28  41  54
```

分析:

首先,用二维列表存储幻方,此列表有 n 行 n 列,每个元素赋初始值为 0 或 None。

然后,通过循环将 $1\sim n^2$ 这些数字逐个地按照其行列变化规律填入到上述二维列表中。

最后,按输出格式的要求,由语句 width=len(str(n*n))得到列宽的整数值,此数值随着 n 的变化而变化。因此,按("%"+str(width)+"d")方式组织输出语句的格式控制表达式,即可达到要求。例如,当 n=9 时,$n^2=81$,width=2,输出格式控制表达式为"%2d";当 n=11 时,$n^2=121$,width=3,输出格式控制表达式为"%3d"。

参考程序代码:

```
n=int(input())
square=[[0]*n for i in range(n)]
row,col=0,n//2
for i in range(1,n*n+1):
    square[row][col]=i
    if i%n==0:    row+=1
    else:
        row,col=row-1,col+1
        if row<0:    row=n-1
        elif row>=n:    row=0
        if col<0:    col=n-1
        elif col>=n:    col=0
width=len(str(n*n))
for i in range(n):
    for j in range(n):
```

续表

```
16          print(("%"+str(width)+"d")%square[i][j],end="")
17          if j==n-1:
18              print()
19          else:
20              print(" ",end="")
```

说明

第 1 行:获得输入数据并转换为整数后赋值给变量 n。

第 2 行:初始化二维列表 square 为 n 行 n 列且每个元素值为 0 的列表。注意:此行不能用语句 square=[[0]*n]*n 实现,这样会因为 n 行数据指向相同的存储空间,从而导致结果错误。

第 3 行:将行下标 row 和列下标 col 分别赋初值 0,n//2。此时 square[row][col]对应着列表 square 的首行中心位置的元素。

第 4～12 行:for 循环结构。共循环 n^2 次,循环变量 i 的取值范围为[1,n^2]。每循环一次,便将 i 填入到 square[row][col]中,然后进入下一次循环。

第 5 行:将当前的数 i 对应的值填入到 square[row][col]中,即完成了在幻方中填入一个数的动作。

第 6～12 行:大二叉分支结构。计算下一个要填入数的行下标和列下标,具体逻辑如下:如果当前待填入的数 i 是 n 的倍数,那么下次填数的位置在当前位置的下一行;否则,先将下一个位置定在当前位置的右上角,即行下标减 1,列下标加 1。此时,这个位置可能越出上、下、左、右边界,从而需要对越边界的情况进行处理。因为可能同时发生行下标越上边界且列下标越右边界,所以对行下标和列下标分别进行判断。

第 6 行:if 分支语句,处理 i 是 n 的倍数的情况。此时,下一个位置在当前位置的下一行,所以只需 row+=1 即可。

第 7 行:若 i 不能整除 n,则进入第 8～12 行所在分支。

第 8 行:将下一个位置先定在当前位置的右上角,即 row=row−1,col=col+1。

第 9～10 行:if-elif 结构,判断行下标是否越出了上、下边界。如果越出了上边界,那么将行下标值调整到最后一行,即 row=n−1。如果越出了下边界,那么将行下标值调整到首行,即 row=0。

第 11～12 行:if-elif 分支结构,判断列下标是否越出了左、右边界。如果越出了左边界,那么将列下标值调整到最后一列,即 col=n−1。如果越出了右边界,那么将列下标值调整到首列,即 col=0。

注意:第 9～10 行的 if-elif 分支结构与第 11～12 行的 if-elif 分支结构是前后串联的关系。不能合并写成 if-elif-elif-elif 多分支结构,这样会造成逻辑错误。

第 13 行:根据输出格式要求,每列的输出宽度值 width 为 n^2 数值的位数。

第 14～20 行:for 循环结构,按格式要求输出存放在二维列表中的幻方。外层循环每循环一次输出一行,循环变量为 i,即输出列表 square 中下标为 i 的行,即 square[i]。内层循环每循环一次输出一列,循环变量为 j,即输出列表 square 的第 i 行第 j 列,即 square[i][j]。

第16行：因为格式控制串中的宽度值由变量 width 确定，所以先通过表达式("%"+str(width)+"d")得到形如"%2d"，"%3d"的格式控制串，再由此格式控制串控制变量 square[i][j]的输出。显然，此语句不能输出回车符，因此第2个参数 end 为空串。

第17～20行：if-else 分支结构。其用来控制某列输出后，应该紧接着输出空格还是回车。

第17～18行：因为同行数据之间用一个空格分隔且行的末尾不能输出空格，因此当 j==n-1 时，表示此列为最后一列，则不输出空格，而是输出回车符。

第19～20行：当 j!=n-1 时，即 j<n-1，表示此列不是最后一列，从而应输出一个空格，以便将此列与下列隔开。

通过第17～20行对空格和回车符输出的控制，正好达到了本编程任务的输出要求。

重要知识点：

(1) 二维列表的初始化和访问。

(2) 利用循环结构实现给幻方顺序填充数字。

(3) 按格式要求输出幻方。

实验 5.13 身份证号码的校验码

任务描述：

身份证号码是由17位数字本体码和1位数字校验码组成的，具有特定含义：前6位为省市县行政区划分代码；第7～14位为出生年月日；第15～17位为登记流水号，其中第17位为偶数时表示女性，为奇数时表示男性；最后一位为校验码。

校验码能很大程度地防止身份证号码填错一位或少填几位。现给定若干个身份证号码，编写程序，判断其校验码是否正确。校验码字符值计算方法参见中华人民共和国国家标准 GB 11643—1999《公民身份号码》。

输入：

第1行为一个整数 n，表示测试用例的个数。其后的 n 行，每行一个18位的身份证号码。

输出：

每个测试用例输出一行。若验证码正确，则输出“yes”，否则，输出“no”。

输入举例：	输出举例：
10	(此空行不应输出，在此仅为方便对齐看结果)
450202198703173404	yes
450202198703173405	no
522424197906101261	yes
52032819821124009X	yes
360821198712096594	yes
450292198703173404	no
130207199311222010	yes
37142819860827945X	yes
450321199104078981	yes
330101198109093330	yes

分析：

校验码的生成规则是先将第 1～17 位的数字分别乘以对应的系数 7,9,10,5,8,4,2,1,6,3,7,9,10,5,8,4,2,然后将累加和除以 11 取余数。所得余数与校验码的对应关系如下：

余　数:0,1,2,3,4,5,6,7,8,9,10

校验码:1,0,X,9,8,7,6,5,4,3,2

定义两个元组作为系数表和校验码表,那么就能根据下标,从这两个元组中查找到对应的系数和校验码。

参考程序代码：

```
1   eTab=(7, 9, 10, 5, 8, 4, 2, 1, 6, 3, 7, 9, 10, 5, 8, 4, 2)
2   codeTab=(1, 0, 'X', 9, 8, 7, 6, 5, 4, 3, 2)
3   cases=int(input())
4   while cases>0:
5       num=input()
6       s=0
7       for i in range(17):
8           s=s+int(num[i])*eTab[i]
9       code=codeTab[s%11]
10      if str(code)==num[17]:
11          print('yes')
12      else:
13          print('no')
14      cases-=1
```

说明

第 1 行:将身份证号码前 17 位分别对应的系数值用元组 eTab 存储。

第 2 行:将 11 位校验码值用元组 codeTab 存储,其中的元素有整数类型和字符串类型。如果此元组中的所有元素都用字符串类型,即 codeTab＝('1','0','X','9','8','7','6','5','4','3','2'),那么第 10 行条件表达式中的 str(code)可以改为 code。

第 3 行:获得输入的测试用例的个数。

第 4～14 行:while 循环结构。共循环 cases 次,每循环一次处理一个测试用例。

第 5 行:获得输入的身份证号码,存放到变量 num 中。变量 num 为字符串类型。在此,没有必要将身份证号码整体作为一个整数处理,因为其后需要获取身份证号码的各位数字,此操作在字符串中直接通过下标即可得到。相比从整数中获取各位数字的方式,从字符串中获取的方式更简单。

第 6 行:变量 s 用来存放前 17 位数字与对应系数的累加和,其初始值为 0。

第 7～8 行:按校验码的计算规则得到累加和。需要注意的是:表达式 int(num[i]) *

eTab[i]不能写成 num[i] * eTab[i]。因为 num[i]的值是字符串类型。

存放了单个数字的字符串变量 ch 转换为对应整数的方式有两种：ord(ch) − ord('0')或 int(ch)。

第 9 行：按校验码的计算规则得到累加和除以 11 的余数，并将此值作为元组 codeTab 的下标，得到对应的校验码，并存放到变量 code 中。

第 10～13 行：if-else 分支结构。判断计算得到的校验码是否与该身份证号码的校验码相同。因为变量 code 中存放的最终校验码可能是整数 0～9，也可能是字符串'X'，所以此表达式中的 str(code)==num[17]不能写成 code==num[17]。

在以上代码中，第 7～9 行的功能是得到校验码 code，这可以利用列表解析式更简洁地表达如下：

```
code=codeTab[sum([int(num[i]) * eTab[i] for i in range(17)])%11]
```

重要知识点：

(1) 元素具有多种数据类型的元组的运用。

(2) 循环结构与分支结构在逻辑表达中的运用。

(3) 字符串型数值和整数型数值比较时的技术处理。

实验 5.14 高精度正小数加法

任务描述：

科学计算中需要用到高精度的小数的运算。Python 的浮点数类型最多只能精确表示 16 位有效数字，不能满足高精度运算的需要。现编写程序，实现高精度正小数的加法。参与运算的小数的有效数字最大为 1 万位。

输入：

两行，每行 1 个正小数。

输出：

两个正小数的和。如果小数部分的各位均为 0，那么小数位保留 1 个 0。例如，若结果值为 12.000，则应该输出 12.0；假设结果值为 1200.0034005600，则输出结果为 1200.00340056。

输入举例 1：

```
99.999999999999999999999999999999999999999999999999999999999
0.000000000000000000000000000000000000000000000000000000001
```

输出举例 1：

```
100.0
```

输入举例 2：

```
1234567.89012
23456789.12345678
```

输出举例 2：

```
24691357.01357678
```

分析：

因为本编程任务中的小数位数远远超过了 Python 的浮点数类型所能表示的最大精确

的有效数位数(通常是 16 位),所以本任务不能直接将输入数据存放到两个浮点数型变量中。设计合理的处理过程才能满足本任务的要求,大体的思路是:将输入的两个小数转换为整数进行计算,最后将结果表示为小数形式输出。

具体的实现方式有多种。例如,可将整数和小数部分分开处理,也可将小数点去掉并在数的末尾补齐 0 后当作一个大整数进行处理。

将整数和小数部分分开处理方式的大致思路为:将两个小数的整数部分和小数部分都拆分开并分别求和。先算小数部分的和,得到小数部分往整数部分的进位和小数部分的结果,然后拼接整数部分的和＋小数部分往整数部分的进位、小数点、小数部分 3 部分得到最终结果。

具体来说,首先,将输入的两个小数从小数点处拆分为整数部分和小数部分。然后,整数部分转换为整数即可,而小数部分必须在末尾补 0 至两者一样长,同时在两者的左侧拼接 1 之后转换为整数,并将这两个整数相加得到和值。接着,将此和进行简单处理后,得到小数部分往整数部分的进位和小数部分。最后,将整数部分的和加上小数部分往整数部分的进位,拼接一个小数点符号和小数部分的和,就能得到最终的结果。

例如,输入两个小数 a＝"123.003456" 与 b＝"8.0016",那么 a 分为整数部分"123"和小数部分"003456",b 分为整数部分"8"和小数部分"0016"。接下来,将 a,b 的小数部分左侧拼接"1"并且末尾补"0"到长度相同,因此分别得"1003456","1001600",两者转换为整数相加后转为字符串得"2005056"。因为"2005056"的最高位不是"3",所以小数部分向整数部分的进位值为 0,否则进位值为 1。当然,由字符串"2005056"很容易得到最终结果的小数部分为"005056"。a,b 的整数部分"123"与 "8"转换为整数后相加得 131,再加上小数部分向整数部分的进位 0,转换为字符串后得最终结果的整数部分为"131"。因此,最终输出结果为"131"拼接小数点"."再拼接"005056",即为"131.005056"。

以上处理中,将小数部分的左侧拼接"1"并且在末尾补"0"再进行相加运算,是为了满足小数部分作为整数运算后能方便还原为小数部分而设计的。在末尾补 0 就是要使小数部分对应的整数对齐长度后相加,如小数部分"0016"与"003456",不能当作 16＋3456,而应该当作 1600＋3456。在左侧补 1 的原因是:小数部分的前导 0 是有意义的,从而通过在左侧(最高位)添加"1"使之得到保留。例如,a,b 的小数部分为"0016", "003456",先处理为"1001600"和 "1003456",然后转换为整数相加,得 2005056。小数部分的前导 0 得到了有效的保留。

参考程序代码:

```
aZS,aXS=input().split(".")
bZS,bXS=input().split(".")
lenA,lenB=len(aXS),len(bXS)
if lenA>=lenB:
    bXS+='0' * (lenA- lenB)
elif lenA<lenB:
```

续表

```
7      aXS+='0'*(lenB-lenA)
8  cXS=str(int('1'+aXS)+int('1'+bXS))
9  carry=0
10 if cXS[0]=='3':
11     carry=1
12 cXS=cXS[1:]
13 if len(cXS)>1 and cXS[-1]== '0':
14     for i in range(len(cXS)):
15         if cXS[-i-1]!='0':
16             break;
17     cXS=cXS[:-i]
18 cZS=int(aZS)+int(bZS)+carry
19 print(str(cZS)+"."+cXS)
```

说明

第 1 行：将输入的第 1 个小数拆分为整数部分 aZS 和小数部分 aXS。此时的变量 aZS，aXS 的数据类型为字符串类型。

第 2 行：将输入的第 2 个小数拆分为整数部分 bZS 和小数部分 bXS。此时的变量 bZS，bXS 的数据类型为字符串类型。

第 3 行：将第 1、第 2 个数的小数部分的长度分别存放在变量 lenA，lenB 中。

第 4～7 行：将第 1、第 2 个小数的小数部分的较短的那个的末尾补齐'0'。

第 8 行：补'0'后的第 1、第 2 个小数的小数部分的左侧(最高位)拼接'1'，转换为整数类型后，执行整数的加法运算，再将运算结果转换为字符串存放到变量 cXS 中。其含义为补'1'且末尾补齐'0'的两个小数部分的和。

第 9 行：变量 carry 表示小数部分往整数部分的进位，赋初始值为 0。

第 10～11 行：当变量 cXS 的最高位为'3'，意味着小数部分向整数部分的进位值一定为 1；否则，就是初始值 0。

第 12 行：将获取去掉首字符后的字符串 cXS 的子串赋值给 cXS。

第 13～17 行：if 分支结构。其作用是：按照输出的格式要求，将小数部分末尾连续的多个'0'去掉。先通过第 14～16 行的 for 循环结构，找到末尾连续'0'的起始位置，通过切片操作将此后的'0'去掉。注意：在此附加有 len(cXS)>1 的条件是为了确保最终结果的小数部分全为'0'时末尾的'0'得到保留，这是本编程任务的输出格式所要求的。

第 14～16 行：for 循环结构，其作用是从字符串 cXS 的末尾开始查找连续'0'的终止位置 i。i 是从末尾开始，以 0 计数的。

第 17 行：根据末尾连续 0 的终止位置 i，通过切片操作 cXS[:-i]来去掉末尾连续'0'。

第 18 行:得到第 1 个小数的整数部分+第 2 个小数的整数部分+小数部分往整数部分的进位,结果保存在 cZS 中,其值的数据类型为整数类型。

第 19 行:最终结果由 3 部分拼接起来:整数部分的和+小数部分往整数部分的进位、小数点、小数部分。

对于以上程序,应该设计足够的测试用例来检查其正确性。例如,进行如表 5.1 所示的测试。

表 5.1　高精度正小数加法的测试

序号	输入	输出	序号	输入	输出
1	123.456 123.123	246.579	5	9.9999 8.8881	18.888
2	1.0 9.0	10.0	6	0.12345678901234567 0.00000000000000001	0.12345678901234568
3	1.9999 0.001	2.0009	7	11.00300 9.0004	20.0034
4	1.2899 0.801	2.0909	8	1200.0034005600 0.0	1200.00340056

重要知识点:

(1) 小数的整数部分和小数部分的拆分、相加操作的分别处理。

(2) 小数部分的前导 0 和末尾 0 的处理。

(3) 字符串类型与整数类型的相互转换。

(4) 字符串切片操作的运用。

本章程序代码

第 6 章　文件与数据组织

实验 6.1　升序文件归并

任务描述：

对大数据进行排序时，可能会因为数据量太大，无法一次性全部载入内存并排序，因此可利用文件（存放在外存）按归并排序的方法实现对数据的排序。其过程中的一个基本步骤是：将存放在两个文件中的升序数据归并到一个文件，归并后的文件中的数据依然是升序的。

编写程序，对给定的两个存放了升序数据的文件进行归并，输出到第 3 个文件中。

输入：

3 行，每行一个表示文件名的字符串。第 1、第 2 行为两个输入数据的文件名，文件中有若干个升序排列的整数。第 3 行为输出的文件名。这 3 个文件名中可以包含空格，文件路径可以是绝对路径或相对路径。在本程序运行前，两个输入文件一定是实际存在的，而输出文件可以不存在。3 个文件均为文本文件。

两个输入文件中，每行一个整数，每行的末尾有一个回车符。

输出：

两个输入文件中的数据按升序归并后的结果文件。结果文件中每行一个整数，每行的末尾输出一个回车符。

输入举例：

```
data1.txt
data2.txt
dataOut.txt
```

假定文件"data1.txt"中有如下数据：	假定文件"data2.txt"中有如下数据：
1	2
3	3
4	5
4	6
9	7
9	8
10	
10	

（注意：两个输入文件的最后一个数据末尾也有回车符。）

输出举例：

生成输出指定文件名的文件。文件内容为两个输入文件数据的升序归并。

假定输入文件名“data1. txt”和“data2. txt”的内容如前所述，那么结果文件 dataOut. txt 的文件内容如下：

```
1
2
3
3
4
4
5
6
7
8
9
9
10
10
```

分析：

初始时，分别从两个有序的文件对象 f1，f2 读出一行，即第 1 个整数数据，比较两者的大小，数值小的写入结果文件，接着读下一个数据。此过程一直进行到两个文件中的一个到达文件尾，接着只需要将未到达文件尾的那个文件中的数据逐个地读取并写入结果文件即可。

参考程序代码：

```python
f1=open(input())
f2=open(input(),"r")
fOut=open(input(),"w")
data1=f1.readline()
data2=f2.readline()
while data1!="" and data2!="":
    if int(data1)<int(data2):
        fOut.write(data1)
        data1=f1.readline()
    else:
        fOut.write(data2)
        data2=f2.readline()
while data1!="":
```

续表

```
14        fOut.write(data1)
15        data1=f1.readline()
16    while data2!="":
17        fOut.write(data2)
18        data2=f2.readline()
19    f1.close()
20    f2.close()
21    fOut.close()
```

说明

第 1 行：获得输入的第 1 个文件名，并且通过 open()函数以"读文本文件"的方式打开此文件，返回的文件对象赋值给 f1。open()函数默认的读写方式为"读文本文件"。

第 2 行：获得输入的第 2 个文件名，并且通过 open()函数以"读文本文件"的方式打开此文件，返回的文件对象赋值给 f2。在此，通过指定 open()函数的第 2 个参数为"r"，表示以"读文本文件"的方式打开指定文件。

第 3 行：获得输入的第 3 个文件名，并且通过 open()函数以"写文本文件"的方式打开此文件，返回的文件对象赋值给 fOut。

第 4 行：从 f1 对应的文件中读一行文本到字符串变量 data1 中，在此通过 f1. readline()读到的字符串中含有该行末尾的回车符。也就是说，读到字符串变量 data1 中的结果是一个末尾有回车符的数字字符串。

第 5 行：与第 4 行类似，从 f2 对应的文件中读一行文本到字符串变量 data2 中，data2 中的结果是一个末尾有回车符的数字字符串。代码中的第 9、第 12、第 15、第 18 行均是如此，不再复述。

第 6～18 行：此部分程序又可分为 3 部分。第 6～12 行为第 1 部分，处理读取文件 f1 与 f2 均没有到达文件尾的情形；第 13～15 行为第 2 部分，处理读取文件 f1 没有到达文件尾但读取文件 f2 已到达文件尾的情形；第 16～18 行为第 3 部分，处理读取文件 f2 没有到达文件尾但读取文件 f1 已到达文件尾的情形。虽然这 3 部分是串联的、顺序的关系，但是当程序执行到第 2 部分和第 3 部分时，其实隐含了此时必定满足前提条件。例如，当程序执行到第 2 部分时，此时隐含的前提条件为读取文件 f1 或 f2 中必有一个已经到达了文件尾；当程序执行到第 3 部分时，此时隐含的前提条件为读取文件 f1 必定已经到达了文件尾。

特别需要提及的是：在 Python 中，判断读取文件是否到达文件尾(end of file，EOF)的方法很简单，只需要判断读取的数据是否为空字符串即可。

第 6～12 行：此时情形为"读取文件 f1 与 f2 均没有到达文件尾"。第 7～9 行：如果从文件 f1 中读到的数据 data1 对应的整数值小于从文件 f2 中读到的数据 data2 对应的整数值，那么将 data1 写入到输出文件 fOut 中，接着从文件 f1 中再读取一行数据到 data1，为下次循环做准备。

在此，应该注意两点：

其一，data1 和 data2 是字符串，其内容为末尾有回车符的数字字符串，在通过 int()函数将字符串类型转为整数类型时，字符串末尾的回车符不会影响转换。

其二，第 8 行通过语句 fOut.write(data1)将 data1 输出到文件 fOut 时，应该意识到 data1 是末尾有回车符的字符串。代码中的第 8、第 11、第 14、第 17 行均与此类似，不再复述。

第 10～12 行：如果从文件 f1 中读到的数据 data1 对应的整数值大于等于从文件 f2 中读到的数据 data2 对应的整数值，那么将 data2 写入到输出文件 fOut 中，接着从文件 f2 中再读取一行数据到 data2，为下次循环做准备。

第 13～15 行：此时的情形为："读取文件 f1 没有到达文件尾但读取文件 f2 已到达文件尾"，那么将 data1 写入到输出文件 fOut 中，接着从文件 f1 中再读取一行数据到 data1，为下次循环做准备，直到文件 f1 到达了文件尾为止。此 while 循环结构执行完毕后，其效果是将文件 f1 中剩余的数据全部逐个写入到结果文件 fOut 中。

第 16～18 行：此时的情形为："读取文件 f2 没有到达文件尾但读取文件 f1 已到达文件尾"，那么将 data2 写入到输出文件 fOut 中，接着从文件 f2 中再读取一行数据到 data2，为下次循环做准备，直到文件 f2 到达了文件尾为止。此 while 循环结构执行完毕后，其效果是将文件 f2 中剩余的数据全部逐个写入到结果文件 fOut 中。

第 19～21 行：关闭 3 个打开的文件。

重要知识点：

(1) 文本文件的打开、逐行读、逐行写、是否到达文件尾的判断。

(2) 理解 3 个循环结构在对两个文件交叉读取和升序归并过程中的作用。

(3) 理解隐含在文件读写过程中的文件当前读写位置的移动情况。

实验 6.2　给源代码添加行号

任务描述：

为了便于对源代码作说明，常常需要给源代码添加行号。

给定源代码文件名，在该源代码文件中添加行号，编程实现。

输入：

一行字符串，表示源代码的文件名。该文件一定已经存在。文件名可以是相对路径或绝对路径。

输出：

本程序运行后，指定文件中的内容发生了如下变化：

在原来代码基础上增加了行号，行号用 3 位数字表示，不足 3 位的左侧补 0。行号后接一个空格。不管源代码是否为空行，均需要行号。

输入举例：

sample.py

假定代码文件"sample.py"中的内容如下：

```
a=int(input())
b=int(input())
if a>b:
```

```
        print("甲比乙年长")
    elif a<b:
        print("乙比甲年长")
    else:
        print("甲乙同龄")
```

输出举例：

假定输入文件名"sample.py"的内容如前所述，那么本程序运行后，再次打开文件"sample.py"，其内容如下：

```
001 a=int(input())
002 b=int(input())
003 if a>b:
004     print("甲比乙年长")
005 elif a<b:
006     print("乙比甲年长")
007 else:
008     print("甲乙同龄")
```

分析：

处理过程大致分为打开文件、读取并处理数据、写回数据到文件、关闭文件4个步骤，具体实现见参考程序代码。

注意：本程序代码文件与输入文件名对应文件的字符编码格式应该相同，这样才不会引起处理后的文件中的字符乱码。在Windows操作系统下推荐均使用GBK编码，在Linux操作系统下推荐均使用UTF-8编码。

参考程序代码：

```
1   #coding=gbk
2   f=open(input(),"r+")
3   linesList=f.readlines()
4   lineCnt=0
5   lines=""
6   for aLine in linesList:
7       lineCnt+=1
8       lines+='{:03d} {}'.format(lineCnt,aLine)
9   f.seek(0)
10  f.writelines(lines)
11  f.close()
```

说明

第1行：此行并非注释，而是设定了本程序代码文件的编码格式为GBK。GBK是汉字字符编码的国家标准。

第 2 行:以"r+"方式打开文件,这种方式下,可以对文件进行读和写操作。若仅用"r"方式或默认方式打开,则只能从文件读数据,不能写数据到文件。

第 3 行:利用 readlines()函数,一次性地将文件中所有的行读出来,存放到列表 lineList 中,该列表中的每一个元素是文件的一行文本。行尾的回车符也得以保留。

第 4 行:变量 lineCnt 用来计数行号,初始值为 0。

第 5 行:字符串变量 lines 用来存放添加了行号之后的源代码字符串。注意:是将所有的行都添加到这一个字符串变量 lines 中,包含末尾的回车符。

第 6～8 行:for 循环结构。通过此循环结构,读取存放在列表 linesList 中的所有行,逐行地按输出要求的格式添加行号,再拼接到字符串变量 lines 之后。循环结束后,lines 中存放了所有添加了行号后的源代码字符串。

第 9 行:将文件的读写位置定位到文件开始处。如果没有执行这个定位动作,那么得到的结果是有行号的新代码文本被追加在原文本的末尾,这不符合输出要求。

第 10 行:将 lines 中的多行文本通过 writelines()函数写入到文件 f,开始写的位置就是第 9 行定位的位置,即在文件的开始处。从此处写数据到文件会覆盖了原文件的内容,这正是我们想要的效果。

第 11 行:最后关闭已经打开的文件。

在 Python 中,内置变量名__file__获取当前 Python 源代码文件的路径。因此,如果将第 2 行表达式中的 input()改为__file__,那么运行的结果是为当前 Python 源代码文件添加了行号。请读者自己尝试。

重要知识点:

(1) 文件中字符编码的设定。

(2) 读写同一个文件的打开方式。

(3) 如何实现将添加了行号的代码写回到原文件。

实验 6.3　生成队伍信息

任务描述:

在工作中,填写各种表格和资料时,需要将原有数据按要求的格式和内容重新组织。

在此编写程序,将保存在 CSV 文件中的队伍信息按格式要求存放到 Excel 文件中。

CSV 文件中的数据存放格式如下:

(1) 第 1 行为表头,其后的每一行保存一支队伍的信息。共有若干支队伍的信息。

(2) 每行为一支队伍的用逗号隔开的多项信息。前两项分别为项目类型和队伍名称,接着为 3 个队员的信息,每个队员信息包含队员姓名、专业、年级、性别。

输出的 Excel 文件内容的格式要求为:

(1) 第 1 行为表头,字体为 13 号宋体加粗。表头共 6 列,每列宽度分别为 16,11,11,16,6,6。

(2) 从第 2 行起,每 3 行为一支队伍的信息。其中,3 个队员的信息各占一行。

(3) 每支队伍的第 1 和第 2 列的连续 3 行分别合并为一个单元格。

(4) 每个单元格格式都为水平居中、垂直居中对齐且有细线边框。

输入：

一行字符串，表示扩展名为. csv 的 CSV 文件名。该文件一定已经存在，文件名可以是相对路径或绝对路径。

输出：

文件名与 CSV 文件同名但扩展名为. xlsx 的 Excel 文件。

输入举例：

队伍信息. csv

假定该文件的内容如下：

项目类型，队伍名称，队员姓名，专业，年级，性别

Web 应用开发类，志存高远，石嘉磊，计算机科学与技术，2019，男，张正阳，智能科学与技术，2018，男，姜丽枫，软件工程，2017，女

移动终端开发类，鹰击长空，李辉，通信工程，2018，男，林森，物联网工程，2017，男，李浩东，电子信息工程，2019，男

机器人类，运筹帷幄，胡宁，网络工程，2018，男，舒心舟，软件工程，2018，女，王涛伟，网络安全，2019，男

Web 应用开发类，胸有成竹，江巧心，自动化，2017，女，陈卉燕，统计学，2017，女，曾晋，医学信息工程，2019，男

机器人类，未来有期，潘帅，电子商务，2017，男，杜骄云，电气工程，2018，女，钟梦莉，通信工程，2019，女

输出举例：

生成输出指定文件名为“队伍信息. xlsx”的文件。假定输入文件“队伍信息. csv”内容如前所述，则输出文件的内容如图 6.1 所示。

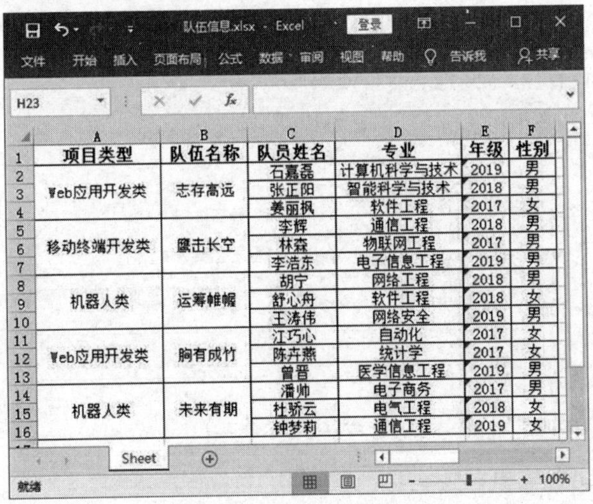

项目类型	队伍名称	队员姓名	专业	年级	性别
Web应用开发类	志存高远	石嘉磊	计算机科学与技术	2019	男
		张正阳	智能科学与技术	2018	男
		姜丽枫	软件工程	2017	女
移动终端开发类	鹰击长空	李辉	通信工程	2018	男
		林森	物联网工程	2017	男
		李浩东	电子信息工程	2019	男
机器人类	运筹帷幄	胡宁	网络工程	2018	男
		舒心舟	软件工程	2018	女
		王涛伟	网络安全	2019	男
Web应用开发类	胸有成竹	江巧心	自动化	2017	女
		陈卉燕	统计学	2017	女
		曾晋	医学信息工程	2019	男
机器人类	未来有期	潘帅	电子商务	2017	男
		杜骄云	电气工程	2018	女
		钟梦莉	通信工程	2019	女

图 6.1　输出文件的内容

分析：

先打开 CSV 文件，再利用 Python 的 csv 库中的函数读取首行，得到表头信息，接着逐行处理每支队伍信息，按格式要求，输出队伍信息到 Excel 文件对应的单元格并设置单元格格式，最后保存 Excel 文件并关闭 CSV 文件。

注意：本编程任务涉及 3 个文件，分别是本程序源代码文件、CSV 文件、Excle 文件。这 3 个文件的字符编码格式应该相同。这样才不会引起处理后的文件中的字符乱码。在 Windows 操作系统下推荐均使用 GBK，在 Linux 操作系统下推荐均使用 UTF-8。

参考程序代码：

```
#encoding=gbk
import csv,openpyxl
from openpyxl.styles import Side,Border,Alignment,Font,colors

csvFlieName=input()  #"队伍信息.csv"
excelFileName=csvFlieName[:-4]+".xlsx"  #"队伍信息.xlsx"
csvFile=open(csvFlieName,newline="")
csvReader=csv.reader(csvFile)
workBook=openpyxl.Workbook()
ws=workBook.active
header=next(csvReader)
ws.append(header)
rowNum,RS,XS=2,3,4
for aRow in csvReader:
    ws.cell(rowNum,1,aRow[0])
    ws.cell(rowNum,2,aRow[1])
    for i in range(RS):
        for j in range(XS):
            ws.cell(rowNum,j+3,aRow[i*XS+j+2])
        rowNum+=1

font=Font(name='宋体',size=13,bold=True)
for c in range(1,7):
    ws.cell(1,c).font=font
width=(16,11,11,16,6,6)
for i in range(6):
```

续表

```
27        ws.column_dimensions[chr(ord("A")+i)].width=width[i]
28
29    for i in range((rowNum-1)//RS):
30        start=2+i*RS
31        end=start+RS-1
32        ws.merge_cells(start_row=start,start_column=1,
                         end_row=end,end_column=1)
33        ws.merge_cells(start_row=start,start_column=2,
                         end_row=end,end_column=2)
34
35    align=Alignment(horizontal='center',vertical='center')
36    thin=Side(border_style="thin",color=colors.BLACK)
37    border=Border(top=thin,left=thin,right=thin,bottom=thin)
38    for r in range(1,rowNum):
39        for c in range(1,7):
40            ws.cell(r,c).border=border
41            ws.cell(r,c).alignment=align
42
43    workBook.save(excelFileName)
44    workBook.close()
45    csvFile.close()
```

说明

第 1 行：设定字符编码格式。因为本程序是在 Windows 操作系统进行测试的，所以将本代码文件的字符编码格式设置为 GBK。

第 2 行：导入 csv 库和 openpyxl 库，分别用来处理 CSV 文件和 Excel 文件。

第 3 行：导入 openpyxl. styles 中的线形、边框、对齐、字体和颜色。

第 5 行：获取用户输入的 CSV 文件名。

第 6 行：通过字符串的切片和拼接操作，得到与输入 CSV 文件名同名但扩展名为. xlsx 的 Excel 文件名。

第 7 行：打开该 CSV 文件，将 open()函数的 newline 参数设置为空串，表示读取到文件中的回车符后，不对回车符进行自动转换。

第 8 行：获得 csv. reader 对象。通过此对象可按特定的方式读取 CSV 文件中的每一行。

第 9 行:获得 Excel 工作簿对象,工作簿对应着一个 Excel 文件。

第 10 行:得到 Excel 工作簿的当前活动工作表对象 ws。

第 11 行:利用 next(csvReader)读取 CSV 文件的首行,返回结果为列表,每个元素为逗号分隔的各信息项。

第 12 行:将列表 header 添加到 Excel 工作表 ws 的第 1 行,每个元素对应一个单元格。

第 13 行:变量 rowNum 用来记录行号,初始值为 2。变量 RS 用来表示每支队的人数,赋值为 3。变量 XS 用来表示每个队员的信息项数,赋值为 4。变量 RS 和 XS 的值在整个程序中保持不变。

第 14~20 行:for 循环结构。读取 CSV 文件中从第 2 行开始至最后一行,每循环一次读取并处理一行。这样的一行信息就是一支队伍的信息。

第 15 行:将 Excel 工作表 ws 中行号为 rowNum 列号为 1 的单元格赋值为该队伍信息的第 1 个信息项(该队伍的"项目类型")。

第 16 行:将 Excel 工作表 ws 中行号为 rowNum 列号为 2 的单元格赋值为该队伍信息的第 2 个信息项(该队伍的"队伍名称")。

第 17~20 行:双重 for 循环结构。其作用是读取当前队伍信息中 3 个队员的姓名、专业、年级和性别信息,并把这 3 个学生的信息存放在对应的 3 行中。循环变量 i 取值 0,1,2 分别对应每支队的第 1、第 2、第 3 号队员,循环变量 j 取值 0,1,2,3 对应某支队伍某个队员的姓名、专业、年级和性别这 4 项信息。rowNum 为 Excel 单元格的行号,在 Excel 中,行、列的编号都是从 1 开始的。以下非循环的等价写法有助于理解这个双重循环结构:

```
ws.cell(rowNum,3,aRow[2])
ws.cell(rowNum,4,aRow[3])
ws.cell(rowNum,5,aRow[4])
ws.cell(rowNum,6,aRow[5])
rowNum+=1
ws.cell(rowNum,3,aRow[6])
ws.cell(rowNum,4,aRow[7])
ws.cell(rowNum,5,aRow[8])
ws.cell(rowNum,6,aRow[9])
rowNum+=1
ws.cell(rowNum,3,aRow[10])
ws.cell(rowNum,4,aRow[11])
ws.cell(rowNum,5,aRow[12])
ws.cell(rowNum,6,aRow[13])
rowNum+=1
```

第 22 行:根据对首行单元格字体的格式要求,构造具有相应属性的字体对象 font。

第 23~24 行:for 循环结构,其作用是将第 1 行的第 1 至第 6 列的单元格字体设置为 font 对象所表示的字体。

第 25 行:元组 width 存放了第 1 至第 6 列的宽度值。

第 26~27 行:for 循环结构,其作用是将第 1 至第 6 列的宽度值设置为元组 width 所指定的值。其中,当 i 的值分别取 0,1,2,3,4,5 时,表达式 chr(ord("A")+i 的值分别为字符串"A","B","C","D","E","F",表示Excel工作表的第1至第6列的列名。

第29～33行:合并每支队伍的第1列的3行为一个单元格、第2列的3行为一个单元格。rowNum的值是最后一个队员信息最后一行所在的行号,因为首行为标题行,所以队伍总支数为(rowNum－1)//3。每循环一次,处理一支队伍。

第30行:变量start存放待合并的单元格的起始行号。

第31行:变量end存放待合并的单元格的终止行号。而终止行号是根据起始行号和每支队伍的队员人数计算得到的。

第32行:合并每个队伍的第1列的连续3行为一个单元格,该列对应"项目类型"列。

第33行:合并每个队伍的第2列的连续3行为一个单元格,该列对应"队伍名称"列。

第35行:根据格式要求,设置对齐对象相应的属性值为水平居中、垂直居中。

第36～37行:根据格式要求,设置线形对象相应的属性值为黑色细实线。

第38～41行:for循环结构,其作用是将Excel工作簿中队伍信息表的每个单元格的边框格式和对齐格式处理为设定的格式。

第43行:用指定的文件名保存Excel文件。此时,Excel才会真正地生成文件并存放在当前路径的文件夹下。

第44行:关闭Excel工作簿。

第45行:关闭已打开的CSV文件。

重要知识点:

(1) 从CSV文件中读取数据。

(2) 向Excel文件写入数据。

(3) Excel文件中合并单元格的处理。

(4) Excel文件中单元格的水平居中、垂直居中对齐以及边框线的设置。

实验6.4 单词统计

任务描述:

编写程序,统计一篇英文文章的每个单词出现次数。

英文标点符号(逗号、句号、分号、冒号、叹号、问号、连字符、单引号、双引号等)不算单词,也不属于单词的组成部分。所有单词不区分大小写。

is的缩写形式 's、am的缩写形式 'm、not的缩写形式 n't、are的缩写形式 're,均按其前缀词计。例如,it's,he's,she's,haven't,isn't,don't,doesn't,we're,there're按单词it,he,she,have,is,do,does,we,there计。

输入:

一个文件名。该文件为文本文件,内容为一篇英文文章。文章包含英文单词、英文常用标点符号和回车符。

输出:

3列,第1列为从1开始的序号,第2列为单词,第3列为单词出现的次数。出现次数按降序排列,出现次数相同的按单词的字典序排列。第1列与第2列之间有一个空格,第2列的宽度为15字符宽。

输入举例:

littleStar. txt

假定"littleStar. txt"文件中有如下内容:

Twinkle,twinkle,little star
How I wonder what you are
Up above the world so high
Like a diamond in the sky
Twinkle,twinkle,little star
How I wonder what you are
When the blazing sun is gone
When he nothing shines upon
Then you show your little light
Twinkle,twinkle,all the night
Twinkle,twinkle,little star
How I wonder what you are
Then the traveller in the dark
Thanks you for your tiny spark
Could he see which way to go
If you did not twinkle so
Twinkle,twinkle,little star
How I wonder what you are
In the dark blue sky you keep
Often through my curtains peep
For you never shut your eye
Till the sun is in the sky
Twinkle,twinkle,little star
How I wonder what you are

输出举例:

假定文本内容如前所述,则运行程序后,会输出内容如下:

```
1  twinkle       13
2  you           10
3  the           9
4  little        6
5  are           5
6  how           5
7  i             5
8  star          5
9  what          5
10  wonder        5
```

(此处省略第 11~60 行的输出结果)

```
61  world         1
```

分析：

首先，打开指定文件名的文件，逐行读取文件中的数据，并且逐行做如下处理：

(1) 利用正则表达式，将该行文本的标点符号和缩写替换为空格。

(2) 将英文单词全部转为小写后按空格拆分，存放到列表。

(3) 逐个处理该列表中的单词及其出现次数，用字典来存储。

然后，将字典元素转换为(单词，该单词出现次数)元组列表，并对此元组按单词出现次数降序排列，出现次数相同的，按字典序排列。

最后，按格式要求输出排序后的元组列表。

如何将元组按多个关键字排序？当然也有多种实现方式，在此利用了自定义比较函数、sorted()函数的 key 参数以及 functools 库中的 cmp_to_key()函数。具体实现见参考程序代码。

参考程序代码：

```
import re,functools as ft
def myCmp(tupA,tupB):
    if tupA[1]!=tupB[1]:
        return tupB[1]-tupA[1]
    elif tupA[0]>tupB[0]:
        return 1
    elif tupA[0]<tupB[0]:
        return -1
    else:
        return 0
fileName=input()
fo=open(fileName,"r")
wordsDict={}
pattern=re.compile("'s|'m|n't|'re|[.,;:!?\-\"]")
for aLine in fo:
    aLine=re.sub(pattern," ",aLine)
    words=aLine.lower().split()
    for aWord in words:
        if aWord in wordsDict:
            wordsDict[aWord]+=1
```

续表

```
21              else:
22                  wordsDict[aWord]=1
23      tupList=sorted(wordsDict.items(),key=ft.cmp_to_key(myCmp))
24      for i in range(len(tupList)):
25          print('{} {:15s}{}'.format(i+1,tupList[i][0],tupList[i][1]))
26      fo.close()
```

说明

第 1 行：导入正则表达式库 re，导入函数工具库 functools 并重命名为 ft。

第 2～10 行：自定义了一个比较函数，该函数用来比较两个形如(单词，该单词出现次数)元组的大小。该函数的返回值用大于 0、等于 0、小于 0 分别表示元组 tupA 大于、等于、小于元组 tupB。

第 3～4 行：如果单词出现次数不相等，那么直接返回元组 tupB 的单词出现次数减去元组 tupA 的单词出现次数所得到的差值。注意：输出格式要求是按单词出现次数降序排列，所以需要明确此处返回结果是谁减去谁。其中，tupA[1]，tupB[1]分别表示元组 tupA，tupB 的单词出现次数。

第 5～10 行：根据多分支结构的特点，第 5～10 行这 3 种情形的前提条件是元组 tupA 与 tupB 的单词出现次数相同。

第 5～6 行：在元组 tupA 与 tupB 的单词出现次数相同的前提下，若元组 tupA 中的单词比 tupB 的单词大，则返回正值，用 1 表示。

第 7～8 行：在元组 tupA 与 tupB 的单词出现次数相同的前提下，若元组 tupA 中的单词比 tupB 的单词小，则返回负值，用－1 表示。

第 9～10 行：在元组 tupA 与 tupB 的单词出现次数相同的前提下，若元组 tupA 中的单词与 tupB 的单词相同，则返回 0。

第 11 行：获得输入的文件名。

第 12 行：以读取文件的方式打开该文本文件。

第 13 行：字典 wordsDict 用来存放单词及其出现次数的键值对。初始时为空字典。

第 14 行：编译正则表达式，得到模式对象 pattern。正则表达式"'s|'m|n't|'re|[.,;:!?'\-\"]"的含义为：如果母串中存在满足以下规则的子串，那么匹配成功。规则为：字符串含有 's 或 'm 或 n't 或 're 或是句号、逗号、分号、冒号、叹号、问号、单引号、连字符、双引号中的某一个。注意两点：其一是标点符号中的连字符、双引号之前必须有反斜杠，否则此双引号与外层的表示字符串的双引号会混淆；其二是此正则表达式只需要编译一次，没有必要放到以下 for 循环结构中。

第 15～22 行：for 循环结构，其作用是循环地从文件中读取并处理一行文本，直到文件结束。读取文件得到的单行文本，存放在字符串变量 aLine 中。

第 16 行：调用 re 库中的 sub()函数，将单行文本 aLine 按模式对象 pattern 所表示的正则表达式规则进行匹配，将 aLine 中匹配成功的子串替换为空格。最后将替换后的结果字符串赋值给 aLine。

第 17 行：将替换后的字符串 aLine 中的单词所有字母转换为小写，然后用空格作为分隔符将其拆分成列表，存放到列表变量 words 中，列表的每个元素为英文文章的一个单词。字符串的 split()函数会将多个连续空格都当作一个空格来处理，这正好满足本编程任务的要求。

第 18～22 行：嵌套的 for 循环结构，其作用是对 words 列表中的每个单词逐个进行处理。若该单词已在字典 wordDict 中，则将其出现次数自增 1；否则，新增一个键为该单词且值为 1 的字典项。

第 23 行：利用可对序列数据进行排序的库函数 sorted()对字典中存放的数据进行排序。因为 sorted()函数不能直接对字典中的字典项进行排序，所以先调用字典的 items()函数，得到由字典项构成的元组列表。每个元组的结构来自字典的键值对，在此为(单词，该单词出现的次数)。通过设置 sorted()函数的 key 参数，实现按自定义对此元组列表进行排序。排序函数的两个参数的类型就是元组列表中的元素的类型，即结构为(单词，该单词出现的次数)的元组类型。按照本编程任务的输出要求，应先按单词出现次数降序排列，若次数相同，则按字典序排列。排序后的元组列表存放到列表 tupList 中。

第 24～25 行：for 循环结构。将排序后的元组列表 tupList 按 3 列的方式输出。第 25 行语句中的 tupList[i][0]，tupList[i][1]分别表示元组列表 tupList 中下标为 i 的元组的第 1 项数据和第 2 项数据。根据第 23 行已知，每个元组的第 1 项数据为文章中的单词，第 2 项数据为该单词在文章中出现的次数。

第 26 行：文件对象 fo 调用 close()函数，关闭打开的文件。

重要知识点：

(1) 利用字典实现单词个数统计。

(2) 利用自定义函数和函数工具库 functools 实现自定义排序。

(3) 正则表达式在替换特定模式字符串中的运用。

实验 6.5　文件简单加密

任务描述：

在对称密钥加密机制中，加密密钥和解密密钥相同。在此，我们采用最简单的加密和解密算法，实现对文件的加密和解密。

可利用 Python 的异或运算作为加密解密算法。异或运算符“^”是对每个二进制位进行按位异或运算的，其具有性质：(X^Y)^Y=X。

也就是说，X 与 Y 执行异或运算的结果再与 Y 进行异或运算，最终结果为 X。

因此，如果我们将 X 看作明文，Y 看作密钥，那么 X^Y 就得到了对应的密文，此为加密过程；之后将密文与 Y 做异或运算，得到明文，此为解密过程。

在此加密方法中每次参与加密或解密运算的数据长度为 1 字节。这基于如下考虑：如果每次异或运算的字节数不是 1 字节而是 2，3，4 字节，那么有可能遇到这样的情形——待加密的文件长度不是 2，3，4 的整数倍，导致末尾的几个字节不好处理。另外，因为每次运算是 1 字节的数据参与运算，所以密钥最大取值为 255。

输入：

3 行。

第 1 行为加密的密钥，是取值范围为[0,255]的正整数。

第 2 行和第 3 行分别为待加密的文件名和加密后的文件名。在本程序运行前，待加密文件一定已经实际存在，但加密后的文件可以不存在。

文件名可以是相对路径或绝对路径。此文件可以是任何类型的文件，如 Word 文档文件、Excel 表格文件、MP3 音乐文件、电影或视频文件。

输出：

程序运行后，得到加密后的文件。

（此时打开加密后的文件，不能正常地看到内容或不能被打开。如果使用相同的密钥，在此将加密后的文件作为待加密文件，就能得到解密后的文件。对比解密后的文件与原文件，两者应该完全相同。）

输入举例：

123

诗一首.txt

诗一首(加密后).txt

假定待加密文件“诗一首.txt”中的内容如下：

卜算子·咏梅

作者：毛泽东

风雨送春归，飞雪迎春到。

已是悬崖百丈冰，犹有花枝俏。

俏也不争春，只把春来报。

待到山花烂漫时，她在丛中笑。

输出举例：

生成输出指定文件名为“诗一首(加密后).txt”的文件。

假定输入文件的内容如前所述，则本程序运行后，新文件“诗一首(加密后).txt”的内容为乱码，如图 6.2 所示。

图 6.2　加密后文件的内容

再次运行本程序，并输入：

123

诗一首(加密后).txt

诗一首(解密后).txt

输出得到文件名为“诗一首(解密后).txt”的文件，打开此文件，能正常看到《卜算子·咏梅》这首诗的内容。

分析：

大致思路：不管待加密的文件是文本文件还是二进制文件，在此进行处理时均当作二进制文件进行读写操作。逐字节地读取待加密文件中的数据，此数据与密钥进行异或运算后，将结果输出到加密后的文件中。

通过文件对象调用 read(1)的方式能每次从文件读取 1 字节，但是如何判断是否已经读取到了文件尾(EOF)呢？在此，利用 read()函数遇到文件尾时返回值为空的对象 bytes，即可判断。

利用 struct 库中的 pack()和 unpack()函数实现可用于存放到文件的二进制格式字符串类型与存放于内存变量的字节数据类型之间的转换。具体实现见参考程序代码。

参考程序代码：

```
1   import struct
2   aKey=int(input())
3   fIn=open(input(),"rb")
4   fOut=open(input(),"wb")
5   while True:
6       binStr=fIn.read(1)
7       if binStr==bytes():
8           break
9       tup=struct.unpack("B",binStr)
10      aByte=tup[0]
11      binStr=struct.pack("B",aByte^aKey)
12      fOut.write(binStr)
13  fIn.close()
14  fOut.close()
```

说明

第 1 行：导入 struct 库，其后需要调用其中的 pack()和 unpack()函数。

第 2 行：获得输入密钥，转换为整数类型。

第 3 行：以“读二进制文件”的方式打开待加密文件，得到文件对象 fIn。

第 4 行：以“写二进制文件”的方式打开加密后的文件，得到文件对象 fOut。

第 5～12 行：while 循环结构。每循环一次，从文件 fIn 中读取 1 字节的数据，与密钥进行按位异或运算，输出到文件 fOut 中。

第 6 行：调用文件对象的 read()函数，从二进制文件中读取 1 字节的数据存放到变量 binStr 中，该变量的值为形如 b'\x8e'的表示 1 字节二进制值的字符串。

第 7～8 行：判断是否读到了文件尾(EOF)，如果是，那么第 6 行 fIn. read(1)的返回值为 bytes()，此值表示空字节对象，执行 break 语句，结束循环。

第 9 行：调用 struct. unpack("B",binStr)得到一个二元组 tup，其第 1 个元素为变量 binStr 对应的无符号字节型数值，第 2 个元素为空。其中参数"B"表示转换后，目标数据的类型为无符号的字节数据类型。

第 10 行：通过 tup[0]得到从文件中读取 1 字节数据对应的字节型数值，存放到变量 aByte 中，此值为整数，取值范围为[0,255]。

第 11 行：利用 struct 库中的 pack()函数，将字节数据 aByte 与密钥 aKey 进行异或运算后的结果转换为二进制字符串，存放到变量 binStr 中。

第 12 行：通过调用 write()函数将 binStr 的值输出到文件 fOut 中。

第 13～14 行：循环结束后，关闭打开的两个文件。

重要知识点：

(1) 利用异或运算实现加密解密的原理。

(2) 按字节读/写并处理二进制文件。

(3) 如何判断读取的二进制文件是否到达文件尾(EOF)。

(4) struct 库中的 pack()函数和 unpack()函数在字节数据流与内存变量之间的转换。

实验 6.6　竞赛获奖汇总

任务描述：

为了培养学生的学科专业能力和创新创业意识，学校鼓励学生参加各类学科竞赛。编写程序，给定学生参加各类竞赛的获奖信息，按学院统计国家级(简称国级)、省级、市级获奖项数及项数小计。

输入：

一个 SQLite 数据库文件名。文件名可以是相对路径或绝对路径。

该数据库中包含一个名为 prize 的表，其结构如下：序号、比赛名称、比赛级别、获奖等级、团队名、获奖时间、获奖学院。其中，获奖时间的格式为“YYYY - MM - DD”。

输出：

一个文件名为“学院获奖汇总. xlsx”的 Excel 表格文件。文件中按表 prize 中“获奖学院”出现的先后顺序汇总各级获奖项数及项数小计。全部单元格中部居中，并且有细边框线。

输入举例：

prizeInfo. db

假定 SQLite 数据库文件 prizeInfo. db 的表 prize 的内容如图 6.3 所示。

序号	比赛名称	比赛级别	获奖等级	团队名	获奖时间	获奖学院
P01	互联+创新创业大赛	省级	一等奖	鲲鹏展翅	2019-08-28	信息学院
P02	互联+创新创业大赛	国级	金奖	鲲鹏展翅	2019-09-30	信息学院
P03	电子商务大赛	省级	二等奖	湘农E家	2020-08-28	商学院
P04	挑战杯创新创业大赛	省级	三等奖	智慧农庄	2021-11-10	商学院
P05	程序设计竞赛	省级	一等奖	编程叁猿	2020-09-11	信息学院
P06	计算机作品大赛	省级	二等奖	巧夺天工	2020-08-05	信息学院
P07	计算机作品大赛	市级	一等奖	妙笔生花	2020-08-05	工学院
P08	计算机作品大赛	省级	三等奖	胸有成竹	2020-08-05	经济学院
P09	数学建模大赛	国级	三等奖	数模达人	2020-09-30	理学院
P10	数学建模大赛	省级	一等奖	数模达人	2020-08-30	理学院
P11	创青春创业大赛	市级	一等奖	花样年华	2020-05-20	经济学院
P12	大学生力学竞赛	省级	二等奖	顶天立地	2020-06-05	工学院

图 6.3　创建数据库文件的内容

输出举例：

一个文件名为“学院获奖汇总. xlsx”的 Excel 表格文件。

假定输入文件内容如前所述，则运行程序后新文件的内容如图 6.4 所示。

获奖学院	国级	省级	市级	项数小计
信息学院	1	3	0	4
商学院	0	2	0	2
工学院	0	1	1	2
经济学院	0	1	1	2
理学院	1	1	0	2

图 6.4　运行程序后新文件的内容

分析：

为了获得输入举例中的数据库文件 prizeInfo.db、表 prize 及其中的数据，可以通过以下代码生成。显然，生成后的 SQLite3 数据库文件 prizeInfo.db 与当前 Python 代码文件在同一个文件夹。

创建数据库、创建表及其中相应数据的 Python 程序代码：

```
import sqlite3
conn=sqlite3.connect("prizeInfo.db")
cursor=conn.cursor()
sql='''CREATE TABLE prize(
        id TEXT PRIMARY KEY,
        name TEXT,
        level TEXT,
        rank TEXT,
        team_name TEXT,
        prize_time DATE,
        college TEXT)'''
cursor.execute(sql)
conn.commit()
prize=[
  ('P01','互联+创新创业大赛','省级','一等奖','鲲鹏展翅','2019-08-28','信息学院'),
  ('P02','互联+创新创业大赛','国级','金奖','鲲鹏展翅','2019-09-30','信息学院'),
  ('P03','电子商务大赛','省级','二等奖','湘农E家','2020-08-28','商学院'),
  ('P04','挑战杯创新创业大赛','省级','三等奖','智慧农庄','2021-11-10','商学院'),
  ('P05','程序设计竞赛','省级','一等奖','编程叁猿','2020-09-11','信息学院'),
  ('P06','计算机作品大赛','省级','二等奖','巧夺天工','2020-08-05','信息学院'),
  ('P07','计算机作品大赛','市级','一等奖','妙笔生花','2020-08-05','工学院'),
  ('P08','计算机作品大赛','省级','三等奖','胸有成竹','2020-08-05','经济学院'),
  ('P09','数学建模大赛','国级','三等奖','数模达人','2020-09-30','理学院'),
```

续表

```
24    ('P10','数学建模大赛','省级','一等奖','数模达人','2020-08-30','理学院'),
25    ('P11','创青春创业大赛','市级','一等奖','花样年华','2020-05-20','经济学院'),
26    ('P12','大学生力学竞赛','省级','二等奖','顶天立地','2020-06-05','工学院')]
27  cursor.executemany('INSERT INTO prize VALUES (?,?,?,?,?,?,?)',prize)
28  conn.commit()
29  cursor.close()
30  conn.close()
```

说明

第 1 行:导入 sqlite3 库。

第 2 行:连接 SQLite3 的数据库文件,此数据库文件名为 prizeInfo. db。

第 3 行:定义游标,用来执行 SQL 查询命令和得到返回的记录集结果。

第 4～11 行:定义创建数据表的 SQL 语句。表名为 prize,表的字段分别为 id,name,level,rank,team_name,prize_time,college,分别对应表结构的序号、比赛名称、比赛级别、获奖等级、团队名、获奖时间、获奖学院。其中,id 字段为主键。注意:在此对字符串变量 sql 使用了 3 个单引号的方式,是因为数据表的 SQL 语句太长,分成了多行书写,才使用 3 个单引号将多行字符串括起来。

第 12 行:利用数据库的游标执行上述 SQL 语句。

第 13 行:利用数据库的连接对象 conn 调用 commit()函数,提交数据库操作,才能让创建的数据库 SQL 语句真正地对 SQLite 数据库产生作用。

第 14～26 行:定义了 12 条获奖记录的信息。列表 prize 是二维的,它的第 1 维为 12 个列表元素,第 2 维为列表元素所构成的元组,每个元组有 7 个字段,分别为该获奖记录的序号、比赛名称、比赛级别、获奖等级、团队名、获奖时间、获奖学院。

第 27 行:通过游标对象 cursor 调用 executemany()函数的方式将二维列表 prize 中的 12 条记录插入到数据库的表 prize 中。注意:VALUES 后的问号"?"个数与表的字段个数相同,为 7 个。

第 28 行:必须通过数据库的连接对象 conn 调用 commit()函数,才能让以上执行的对数据表插入 12 条记录的 SQL 语句真正地对 SQLite 数据库产生作用。

第 29～30 行:关闭游标,关闭数据库连接。数据库使用完毕后关闭相应的游标对象和数据连接对象,以便释放访问数据库所占用的资源。

有了以上数据后,按获奖学院和比赛级别分组统计每个学院在每个获奖等级上的获奖项数。然后,将获奖学院和比赛级别拼接起来作为字典的"键"(key),将其获奖项数作为"值"(value),存放到字典中。接着,按"键"查询字典并统计每个学院的获奖项数小计,结果存放到二维列表中。最后,将此二维列表输出到 Excel 表,并且设置相应单元格格式即可。

参考程序代码:

```
import sqlite3
import openpyxl
```

续表

```
from openpyxl.styles import Side,Border,Alignment,Font,colors
dbFile=input()
conn=sqlite3.connect(dbFile)
cursor=conn.cursor()
sql='''
    SELECT college,level,count(*)
    FROM prize
    GROUP BY college,level'''
rs=cursor.execute(sql)
cpDict={}
for aRow in rs:
    cpDict[aRow[0]+aRow[1]]=aRow[2]
levels=['国级','省级','市级']
sql="select distinct college from prize"
rs=cursor.execute(sql)
res=[]
for aRow in rs:
    college=aRow[0]
    rowRes=[college]
    sum=0
    for i in range(3):
        key=college+levels[i]
        if key in cpDict:
            rowRes.append(cpDict[key])
            sum+=cpDict[key]
        else:
            rowRes.append(0)
    rowRes.append(sum)
    res.append(rowRes)
workBook=openpyxl.Workbook()
ws=workBook.active
ws.append(["获奖学院"]+levels+["项数小计"])
for row in res:
```

续表

```
36      ws.append(row)
37  align=Alignment(horizontal='center',vertical='center')
38  thin=Side(border_style="thin")
39  border=Border(top=thin,left=thin,right=thin,bottom=thin)
40  for r in range(1,len(res)+2):
41      for c in range(1,5+1):
42          ws.cell(r,c).border=border
43          ws.cell(r,c).alignment=align
44  workBook.save("学院获奖汇总.xlsx")
45  cursor.close()
46  conn.close()
47  workBook.close()
```

说明

第 1～3 行:导入操作数据库和 Excel 表格文件相关的函数工具库。

第 4 行:获得用户输入的 SQLite 数据库文件名。

第 5 行:打开 SQLite 数据库文件,获得操作此数据库的连接对象 conn。

第 6 行:通过数据库连接对象 conn 获得数据库游标对象。

第 7～10 行:SQL 语句。其功能是查询按获奖学院和比赛级别分组的每个学院每个获奖等级的个数。以假定数据为例,将得到如下结果:[('信息学院','国级',1),('信息学院','省级',3),('商学院','省级',2),('工学院','市级',1),('工学院','省级',1),('理学院','国级',1),('理学院','省级',1),('经济学院','市级',1),('经济学院','省级',1)]。

第 11 行:调用游标对象 cursor. execute(sql),执行存放在字符串变量 sql 中的 SQL 语句,得到的结果存放在变量 rs 中。

第 12 行:cpDict 为字典对象,用来存放“键”为“获奖学院＋比赛级别”,“值”为“该学院比赛级别的项数”。初始化 cpDict 为空字典。

第 13～14 行:for 循环结构。其作用是:逐行地读取上述查询结果中的每条记录,并且将结果按要求组织成“键-值”对,存放到字典 cpDict 中。aRow[0],aRow[1],aRow[2]的值分别为获奖学院、比赛级别、该学院该比赛级别的获奖项数。以假定数据为例,将得到字典数据为{'信息学院国级':1,'信息学院省级':3,'商学院省级':2,'工学院市级':1,'工学院省级':1,'理学院国级':1,'理学院省级':1,'经济学院市级':1,'经济学院省级':1}。

第 15 行:定义了存放字符串'国级','省级','市级'的列表 levels。它将用于第 24 行的 for 循环结构中。

第 16 行:SQL 查询语句。该语句的作用是查询数据库表 prize 中的获奖学院,去掉重复的名称。

第17行：通过游标对象cursor执行第16行的SQL语句。

第18行：初始化res为空列表，该列表将存放与输出的Excel表格项对应的结果。res为二维列表，每个元素对应一个学院，每个元素又有5项信息的列表，分别为：获奖学院、国级、省级、市级、项数小计。

第19～31行：for循环结构。其作用是对rs中的每条记录，即每个学院进行处理，结果存放到二维列表res中。内层for循环结构是将每个学院与国级、省级、市级组合成“获奖学院＋比赛级别”，以此作为字典cpDict的“键”，接着查询cpDict，得到该学院在该比赛级别的获奖项数。循环结构执行完毕后，得到结果为二维列表res。

第20行：得到获奖学院的名称。这些名称来自第17行的查询结果，该结果将保持获奖学院在表prize中首次出现的次序。

第21行：rowRes为一维列表，存放的数据对应输出的Excel表中的一行。在此，语句rowRes＝[college]的作用是外层for循环每循环一次，便将当前获奖学院名称作为rowRes的第1个元素。

第22行：变量sum用来累计每个学院的获奖总项数，初始值为0。

第23～29行：内层for循环结构。其作用是针对本次外层循环所对应的学院，共循环3次，分别将获奖学院名称与列表levels中的比赛级别组合成“键”，然后通过此“键”查询字典cpDict。若该“键”在字典cpDict中已经存在，则读取其对应的值；否则，说明该学院在该比赛级别没有获奖，即获奖项数为0。

第24行：将获奖学院与比赛级别拼接存放到字符串变量key中，该值将作为字典cpDict的“键”。

第25行：判断key所表示的“键”是否在字典cpDict中存在。

第26～27行：如果存在，那么将该“键”对应的“值”，即cpDict[key]的“值”，添加到列表rowRes的末尾，并且将此“值”累加变量sum中，累计该学院获奖总项数。

第28～29行：如果不存在，即“键”key在cpDict中不存在，那么该学院在该比赛级别上没有获得任何奖项，从而在列表rowRes的末尾添加0。

第30～31行：这两行都是在内层for循环结构之外且在外层for循环之内。

第30行：在该列表rowRes的末尾添加该学院的合计获奖项数。该项是列表rowRes的最后一项。

第31行：将表示当前学院获奖情况的列表，整体看作一个元素添加到列表res的末尾。

第32行：利用openpyxl库建立Excel工作簿对象workBook。

第33行：获得当前活动的工作表ws，通常是该工作簿的第1个工作表。

第34行：在Excel工作表的第1行对应的单元格添加信息：获奖学院、国级、省级、市级、项数小计。

第35～36行：for循环结构，其作用是将二维列表res中的每一行添加到Excel工作表中。

第37～43行：按输出格式的要求，设置对齐、细线、边框对象的相应属性，并且通过第40～43行的双重循环结构设置Excel工作表中单元格的格式。

第44行：将工作簿按输出要求的文件名保存为“学院获奖汇总.xlsx”。

第45～47行：程序运行完毕后，关闭数据库游标，关闭数据库连接，关闭工作簿。

重要知识点：

(1) SQLite文件型数据的基本操作：文件的打开、基本的数据库的查询操作。

(2) 写数据到 Excel 文件。

(3) Excel 文件中单元格基本格式设置。

实验 6.7 批量图像添加水印

任务描述：

某部门需要将存放在指定文件夹及其子目录下的所有图片文件加上特定文字水印，如图片的版权标志、机密等级、LOGO 等，编程实现。

输入：

两行字符串。

第 1 行字符串表示待处理的文件夹，若省略了路径，则表示该文件夹与本 Python 源程序在同一个文件夹之下。该文件夹及其子目录下有扩展名为.jpg 的图片文件和其他文件，此文件已确保存在。

第 2 行字符串表示要加水印的文字。

输出：

将待处理文件夹及其子目录下的所有扩展名为.jpg 的文件加上指定文字水印。水印文字的字体为黑体、大小为图像宽度的 4%、颜色为白色。水印文字在图片中央且与水平右向夹角为 45°，以透明度为 50%的方式叠加在原图之上。

在控制台输出提示信息：共处理了多少个 jpg 文件！

输入举例：

d:\images

内部机密，不得外泄！

输出举例：

共处理了 9 个 jpg 文件！

假定在 d:\images 文件夹及其子目录下共有 9 个扩展名为.jpg 的图片文件。其中，有文件名为“风景.jpg”的图片文件，加水印前、后对比效果如图 6.5 和图 6.6 所示。

图 6.5 加水印前的图片文件“风景.jpg”

图 6.6 加水印后的图片文件“风景.jpg”

分析：

利用 PIL 库对图像文件进行操作。

因为本编程任务要求水印文字向左旋转 45°，所以水印文字不能直接在原图上绘制，否则图像会和水印文字一起旋转。因此，为了能单独旋转水印文字，需要新建一个与原图像同样大小的背景色完全透明的图像。在此图像中按输出要求的效果绘制水印文字，将此图像旋转后与原图像按 alpha 通道方式组合，最后将结果图像存回原图所在文件中。

alpha 通道是指给每个像素点一个在 0～255 范围的值，用来表示该像素点的透明度，0 为完全透明，128 为半透明，255 为不透明。因此，在指定图像的每个像素点的颜色值时，除 RGB 三原色外，还可利用一个 alpha 值。在以下程序中用四元组 RGBA 表示，前 3 元素分别表示 RGB 分量值，第 4 元素表示 alpha 值。例如，(255,255,255,128)表示颜色为白色，透明度为 50%；(0,0,0,0)表示颜色为黑色但完全透明。显然，当 alpha 值为 0 时，因为完全透明，任何颜色都显现不出来。

因为 jpg 格式的图像文件不支持 alpha 通道，所以需要将图像从 RGB 模式转换为 RGBA 模式后才能再操作。而在将结果存回到 jpg 格式的图像前，图像需要从 RGBA 模式转换为 RGB 模式。

对指定文件夹及其子目录下的文件进行遍历，在此利用 os 库的 walk()函数实现，代码如下所示：

```
for root,dirs,files in os.walk(dir):
    print(root)
    print(dirs)
    print(files)
```

此 for 循环将遍历文件夹 dir 下的所有文件及子文件夹。其中，root 为当前文件夹名；dirs 为列表，其元素为 root 的子文件夹名，当没有子文件夹时，dirs 为空列表；files 为列表，其元素为 root 之下的文件名，当没有文件时，files 为空列表。此 for 循环对文件夹 dir 及其子文件夹下的文件的缺省遍历顺序为自顶向下，即先遍历当前文件夹再遍历子文件夹。以上循环每循环一次遍历一个层级的文件夹。

需要注意的是：利用 PIL 库在图像中输出指定字体的文字时，必须利用 PIL 的 ImageFont.truetype("字体文件名",字体大小)的方式指定。在 Windows 操作系统中，本编程任务所需要的黑体字体文件通常在路径 C:\Windows\Fonts\simhei.ttf 下，字体名中的"sim"表示简体中文。

参考程序代码(部分 1)：

```
def addWaterMark(dir,txt):
    cnt=0
    for root,dirs,files in os.walk(dir):
        for aFile in files:
            if aFile[-4:]!=".jpg":
                continue
            fn=os.path.join(root,aFile)
            img=Image.open(fn).convert('RGBA')
            txtImg=Image.new('RGBA',img.size,(0,0,0,0))
```

续表

```
10              size=img.size[0]//25
11              font=ImageFont.truetype("C:\Windows\Fonts\simhei.ttf",size)
12              draw=ImageDraw.Draw(txtImg)
13              xyTup=((txtImg.size[0]-len(txt)*size)//2,(txtImg.size[1]-size)//2)
14              draw.text(xyTup,txt,font=font,fill=(255,255,255,128))
15              txtImg=txtImg.rotate(45)
16              out=Image.alpha_composite(img,txtImg)
17              out=out.convert('RGB')
18              out.save(fn)
19              cnt+=1
20      print("共处理了{}个 jpg 文件!".format(cnt))
```

说明

第 1～20 行：定义函数 addWaterMark(dir，txt)，参数 dir 为需要处理的文件夹名，txt 为水印文字。该函数的功能是将 dir 指定文件夹及其子目录下的所有扩展名为.jpg 的图像按本编程任务的输出要求添加文字水印。

第 2 行：将变量 cnt 赋初始值 0，该变量用于对处理的 jpg 格式文件个数进行计数。

第 3～19 行：for 循环结构。此循环将自动遍历 dir 文件夹及其子目录下的所有文件。其中 root 为当前文件夹名(或根文件夹名)，dirs 为当前文件夹下所有子文件夹名的列表，files 为当前文件夹下所有文件名的列表。以上循环每循环一次，遍历一个层级的文件夹。

第 4～19 行：内层的 for 循环结构。此循环每循环一次就处理了某一个层级文件夹中的一个文件名为 aFile 的文件。循环结束，意味着处理完该层级文件夹中所有的文件，但不包含该层级子文件夹中的文件。

第 5～6 行：对文件名 aFile 进行切片操作，取其最后的 4 个字符，判断它是否为“.jpg”，即判断 aFile 对应的文件是否为 jpg 格式的图像文件。如果不是，那么跳过本次循环其后的操作，进入下一次 for aFile in files 的循环。

第 7 行：利用表达式 os.path.join(root，aFile)将当前文件夹名与当前文件名拼接为包含文件名的路径。若本程序运行在 Windows 操作系统下，则路径中的分隔符为“\”；若在 Linux 操作系统下，则路径分隔符为“/”。因此，在 Windows 操作系统下，此语句等价于 fn＝root＋"\"＋aFile；在 Linux 操作系统下，此语句等价于 fn＝root＋"/"＋aFile。

第 8 行：调用 PIL 库的 Image.open(fn)函数，打开 fn 对应的 jpg 图像文件，接着调用 convert('RGBA')函数将此图像转换为支持透明度的 RGBA 模式的图像，最后通过赋值语句，让变量 img 指向该图像对象。

第 9 行：调用 PIL 库的 Image.new()函数创建一个新图像，其图像模式为支持透明度的 RGBA 模式，图像大小与 img 相同，背景颜色为黑色但完全透明。该图像将用来处理水印文字，让变量 txtImg 指向该图像对象。img.size 表示 img 所指图像的大小，其类型是一个二元组，两个元素分别表示图像的宽和高。

第10～11行：按本编程任务要求，水印文字字体为黑体，大小为图像宽度的4%。

第12行：调用PIL库的ImageDraw. Draw(txtImg)函数获得txtImg图像的绘图对象draw。利用此对象可以在图像上输出文字。

第13行：按本编程任务输出要求，水印文字在图像居中，据此计算得到文本左上角的坐标为二元组xyTup。

第14行：对象draw所指的图像输出文本，文本的左上角坐标由二元组xyTup确定，字体由font确定，填充色由四元组(255,255,255,128)确定为白色半透明。

第15行：将txtImg图像逆时针旋转45°。

第16行：将img和txtImg所指的两幅图像按透明方式组合。注意：txtImg所指图像在img所指图像的上层，在此不能颠倒两者的先后次序。将结果存放到变量out中。

第17行：将out所指图像从RGBA模式转换为RGB模式。

第18行：将out所指的图像存回到fn所确定的原jpg格式的文件中。

第19行：累计处理的文件个数。

第20行：在控制台输出共处理的文件个数信息。此语句必须在最外层for循环结构之外。

参考程序代码(部分2)：

```
21
22  from PIL import Image,ImageDraw,ImageFont
23  import os
24  dir= input()
25  txt= input()
26  addWaterMark(dir,txt)
```

说明

第22～26行：为本程序的实际入口。

第22～23行：导入图像处理所需PIL库中的Image,ImageDraw,ImageFont模块。导入遍历文件夹下所有文件和子文件夹所需的os库。

第24行：输入存放到变量dir，它表示待处理的文件夹名。

第25行：输入存放到变量txt，它表示水印文字。

第26行：调用自定义函数addWaterMark(dir,txt)，实现本编程任务要求的功能。

重要知识点：

(1) 利用PIL库对图像进行操作：打开图像文件、新建空白图像、添加文字、图像的旋转、图像的叠加(按透明度)、图像颜色模式RGB与RGBA的相互转换、图像的存储。

(2) 利用os库对某个文件夹及其子目录下的所有文件进行遍历。

(3) 利用字符串切片操作判断文件扩展名是否为".jpg"。

(4) 图片中文字的位置、字体、颜色、透明度、旋转角度的设置。

实验 6.8　改变音频文件播放速度

任务描述：

有时我们为了快速地浏览电影或声音，需要以两倍速甚至多倍速播放。

在此，给定 wav 格式的音频文件，编写程序，输出改变播放速度后的该音频文件。

输入：

两行。

第 1 行为 wav 格式的原始音频文件的文件名。该文件名可以是绝对路径或相对路径。已确保待改变速度的音频文件存在，能正常播放且文件格式为 wav。

第 2 行为一个正数，表示音频播放速度的缩放系数，小于 1 的值意味着音频播放速度变慢，大于 1 则意味着速度变快，通常取 2 的整数次幂，如 0.25，0.5，2，4，8，16，故称之为倍速。

输出：

生成一个新 wav 格式的音频文件，其播放速度为指定速度，文件名为原音频文件名后加下画线和几倍速，扩展名仍然为.wav。例如，输入文件名为“我的一段演讲.wav”，倍速为 2，那么结果文件名为“我的一段演讲_2 倍速.wav”。又如，输入文件名为“广告.wav”，倍速为 0.5，那么结果文件名为“广告_0.5 倍速.wav”。

输入举例：

我的一段演讲.wav

2

输出举例：

将在当前 Python 源程序代码所在文件夹中生成一个文件名为“我的一段演讲_2 倍速.wav”的文件。用音频或媒体播放器播放该文件，可以听到按 2 倍速播放的声音。

分析：

利用 wave 库可以实现对 wav 格式的音频文件播放速度的修改。若没有预先安装此库，则请先安装。对 wav 音频文件的操作方法，请自行参考 wave 库的说明文档。

参考程序代码：

```
import wave
fnIn=input()
rateRatio=input()
fnOut= fnIn[:-4]+"_"+rateRatio+"倍速.wav"
rateRatio=eval(rateRatio)
wfIn=wave.open(fnIn,"rb")
wfOut=wave.open(fnOut,"wb")
params=wfIn.getparams()
wfOut.setparams(params)
```

续表

10	`wfOut.setframerate(rateRatio*params.framerate)`
11	`str_data=wfIn.readframes(params.nframes)`
12	`wfOut.writeframes(str_data)`
13	`wfIn.close()`
14	`wfOut.close()`

说明

第1行：导入操作 wav 格式文件所需的库 wave。

第2行：得到输入的原始音频文件名 fnIn。

第3行：得到输入的待设定的音频播放速度缩放系数，以字符串类型存储到变量 rateRatio 中。

第4行：通过字符串切片和拼接操作，得到将要输出的改变播放速度后的音频文件名 fnOut。

第5行：在此利用了 eval()函数对输入的缩放系数的数据类型进行转换。如果输入 0.5，那么 rateRatio 的值为 0.5，数据类型为浮点数类型；如果输入 2，那么 rateRatio 的值为 2，数据类型为整数类型。

第6行：利用 wave 库的 open()函数，以"读二进制文件"的方式打开待处理的 wav 音频文件，并用变量 wfIn 指向该文件对象。此文件必须已经存在。从数据输入输出方向来看，此文件为输入文件。

第7行：利用 wave 库的 open()函数，以"写二进制文件"的方式打开处理后的 wav 音频文件，并用变量 wfOut 指向该文件对象。若此文件之前不存在，则将新建；否则，将覆盖原来的文件。从数据输入输出方向来看，此文件为输出文件。

第8行：得到 wfIn 所指文件(原始音频文件)中关于 wav 音频格式的参数存放到变量 params 中。

第9行：将此参数按 wav 文件格式输出到 wfOut 所指的文件，即改变播放速度后的音频文件。

第10行：设置 wfOut 所指文件的帧率，设定为播放速度缩放系数×原始音频文件的帧率。

第11行：读取 wfIn 所指文件的所有音频帧数据，存放到变量 str_data 中。

第12行：将 str_data 存放的帧数据写入 wfOut 所指的文件。

第13～14行：程序运行完毕后，关闭 wfIn 和 wfOut 所指的文件。

重要知识点：

(1) 利用字符串切片和拼接操作得到输出要求的 wav 文件名。

(2) 利用 wave 库操作 wav 格式的音频文件。

(3) 如何读取和修改 wav 格式的音频文件的帧率信息。

本章程序代码

第7章　函数与代码复用

实验7.1　温度统计

任务描述：

某实验测得一系列温度数据，编写程序，统计零上、零度、零下3种温度的个数。

输入：

一行数据，包含若干个表示温度的整数。数据用空格分隔。

输出：

3行，格式如输出举例所示，分别表示零上、零度、零下温度的个数。

输入举例：

1 2 3 −1 −2 −3 −4 0 0

输出举例：

>0：3
=0：2
<0：4

分析：

统计零上、零度、零下3种温度个数的做法有很多种，以下代码展示了一种利用函数和数组下标进行统计的方法。自定义函数cmpZero(t)的功能是：当温度t为零上、零度、零下时返回值对应为0,1,2，分别表示零上、零度、零下3个类别。表示类别的返回值正好可以作为数组cnt的下标，因此可以统一用语句cnt[cmpZero(t)]+=1来分别统计3种温度的值。

在此，将温度t与0比较后得到相应的返回值这一功能设计成了函数，使得程序的模块更加清晰。

参考程序代码：

```
def cmpZero(t):
    if t>0:  return 0
    elif t==0:  return 1
    else:  return 2

tList=[int(e) for e in input().split()]
cnt=[0,0,0]
```

续表

8	`for t in tList:`
9	`    cnt[cmpZero(t)]+=1`
10	`print(">0:%d"%cnt[0])`
11	`print("=0:%d"%cnt[1])`
12	`print("<0:%d"%cnt[2])`

说明

第1～4行:cmpZero(t)函数的自定义。参数t为温度值。返回值0,1,2分别表示温度t为零上、零度、零下。

第6行:获得用户输入的数据,并且将数据按空格拆分为元素存放到字符串类型的列表中,利用列表解析式将每个列表元素转换为整数类型后,构成新列表,存放在变量tList中。

第7行:列表变量cnt用来累计零上、零度、零下3种温度的个数。因此,初始时将cnt[0],cnt[1],cnt[2]都初始化为0。

第8～9行:for循环结构。其作用是遍历列表tList中的每个表示温度的整数t,利用cnt[cmpZero(t)]+=1实现对3种温度个数的统计。

第10～12行:cnt[0],cnt[1],cnt[2]中分别存放了零上、零度、零下的温度个数,按格式要求输出即可。

重要知识点:

(1) 自定义函数的设计:函数名、函数功能、函数参数、函数返回值。

(2) 调用自定义函数。

实验7.2 三角形面积

任务描述:

已知三边求三角形面积,编程实现。与实验1.7不同的是这三边不一定能构成三角形。

输入:

第1行有一个正整数,表示测试用例的个数。其后的每行为一个测试用例的输入。每个测试用例包含用空格分隔的3个任意非负实数,分别表示三角形的3条边长。

输出:

每个测试用例输出一行。输出三角形的面积,保留6位小数。如果输入三边不能构成三角形,那么输出-1。

输入举例:

```
4
3 4 5
4.1 5.2 6.3
3 2 1
4 5 9.1
```

输出举例：

6.000000

10.609147

−1

−1

分析：

在三边能构成三角形的前提下，可利用“海伦-秦九韶公式”。若三边长分别为 a,b,c，则三角形面积$\triangle=\sqrt{s(s-a)(s-b)(s-c)}$，其中 $s=(a+b+c)/2$。

在此，可将判断三边是否构成三角形以及利用公式求三角形面积这两个功能用 lambda 函数实现。

参考程序代码：

```
1   from math import sqrt
2
3   isTriAngle=lambda a,b,c:(a+b>c) and (a+c>b) and (b+c>a)
4   getArea=lambda a,b,c,s:sqrt(s*(s-a)*(s-b)*(s-c))
5
6   n=int(input())
7   for i in range(n):
8       a,b,c=[float(e) for e in input().split()]
9       s=(a+b+c)/2
10      if isTriAngle(a,b,c):
11          print("%.6f"%getArea(a,b,c,s))
12      else:
13          print(-1)
```

说明

第 1 行：导入 math 库的求平方根函数 sqrt()。

第 3 行：定义 lambda 函数并赋值给 isTriAngle。注意：因为构成三角形的条件为“两边之和大于第三边”，所以 3 个条件表达式(a+b>c)，(a+c>b)，(b+c>a)之间的逻辑运算符应该是 and，不能是 or。如果 a，b，c 构成三角形，那么此函数的返回值为 True；否则为 False。

第 4 行：定义 lambda 函数并赋值给变量 getArea。注意：此 lambda 函数有 4 个参数，除 a，b，c 外，增加了一个参数 s。虽然 s 是由 a，b，c 计算得到的，但是由于 lambda 函数的语法格式只能有表达式，不能有语句，因此只好将 s 也作为参数传递给 lambda 函数。

第 6 行：获得测试用例的个数，转换为整数型数据后存放到变量 n 中。

第 7～13 行：for 循环结构。每循环一次处理一个测试用例，共循环 n 次。

第 8 行:获得输入的以空格分隔的三边长,分别转换为浮点数类型后,依次赋值给变量 a,b,c。

第 9 行:将三角形的半周长赋值给变量 s。

第 10～13 行:通过 isTriAngle(a,b,c)调用第 3 行的 lambda 函数,判断 a,b,c 是否构成三角形。

第 10～11 行:如果 a,b,c 构成三角形,那么第 10 行的条件成立,执行第 11 行的语句。第 11 行通过 getArea(a,b,c,s)调用了第 4 行的 lambda 函数,该函数返回三角形面积。按格式要求保留 6 位小数输出。

第 12～13 行:否则 a,b,c 不构成三角形,按本编程任务的要求,输出－1。

重要知识点:

(1) lambda 函数的设计和调用。

(2) 构成三角形的逻辑表达式的写法。

(3) 库函数 math. sqrt()的调用。

实验 7.3　自己设计正弦函数

任务描述:

在程序设计中,如果需要计算正弦值,可以调用 math 库中的三角函数 sin()来实现。现在我们通过设计正弦函数 mySin()来加深对函数设计过程的体会。要求将自己设计的正弦函数与 math 库中的 sin()函数的运算结果进行对比,保留 9 位小数时两者结果一致。

输入:

第 1 行包含一个整数,表示测试用例的个数。其后 n 行,每行一个实数 x,单位为 rad,x 为在区间[－100000,100000]上的浮点数型数值。

输出:

x 的正弦函数值,以 double 型数据表示。每个测试用例输出一行,每行 2 个值,分别为自己设计的 mySin()函数和 math 库 sin()函数的输出结果,两者用空格分隔,结果保留 9 位小数。

输入举例:	输出举例:
5	(此空行不应输出,在此仅为对齐看结果)
1	0.841470985 0.841470985
2	0.909297427 0.909297427
3.14	0.001592653 0.001592653
1.570796	1.000000000 1.000000000
100000	0.035748798 0.035748798

分析:

设计函数 mySin()的关键是如何实现给定弧度 x 的正弦函数值。是否存在某种方法,能将求正弦函数值的过程转换为基本的加减乘除运算?幸运的是,这样的方法真的有!根据高等数学中“函数的展开”可知,正弦函数可以展开成

$$\sin x = x - \frac{x^3}{3!} + \frac{x^5}{5!} - \frac{x^7}{7!} + \frac{x^9}{9!} - \cdots \quad (-\infty < x < +\infty)。$$

对此公式的计算当然还要结合计算机的特点才能实现。

计算时，如何处理公式中的省略号：具体的程序中不能有省略号，可根据精度要求来决定计算的项数。从数学的角度来说，计算的项数越多，结果的精度越高；但就计算机而言，数据精度受数据类型的限制，当精度到达数据类型所能表示的最大程度后，就不能再提高了。在 Python 中浮点数型数值的最大精确表示有效数为 16 位。

观察上述展开式不难发现，在不考虑每项的正负符号情况下，展开式的项值有如下特性：其一，当 $0 < x < \pi$ 时，其项值单调递减；其二，$\lim\limits_{k \to \infty} \frac{x^{2k-1}}{(2k-1)!} = 0$。由这两点特性可知，要取得指定精度的结果，只需要计算前若干项即可。在本编程任务中，根据实验结果，可确定只需计算前 17 项，即可达到结果保留 9 位小数时自己设计的 mySin()函数与 math 库 sin()函数的输出结果基本一致。

有了上述公式，我们就有了求解 x 正弦函数值的算法，但是在具体实现上还有一些问题需要解决。从上述展开式可以看出，前后两项之间的变化是有规律，例如，第 k 项和第 $k+1$ 项的关系为：

(1) $\text{item}(k+1) = \frac{x^{2(k+1)-1}}{[2(k+1)-1]!} = \frac{x^{2k-1} \cdot x \cdot x}{(2k-1)! \cdot (2k) \cdot (2k+1)} = \text{item}(k) \cdot \frac{x \cdot x}{2k \cdot (2k+1)}$。

(2) 第 $k+1$ 项符号与第 k 项符号相反。

因此，已知前项即可得到下一项。

需要注意的是，在上述计算式对区间$(-\infty, +\infty)$内的任意 x 均成立，但是计算机中的浮点数型数据表示范围和有效数字的位数都是有限的。在本任务中，x 被限定在范围$[-100000, 100000]$，根据任务要求需要计算前 17 项，但按公式，其第 17 项的 x 的指数会达到 33，即 x^{33}。因此，即使 x 的取值限定了范围，但这依然超过了浮点型数据的有效数字表示范围，从而导致计算的结果错误。在此，利用正弦函数的周期性，将 x 的值转换到$[-2\pi, 2\pi]$范围内进行计算，此范围内的 x 值比较小，这样不会导致精度溢出。

在 Python 中，转换 x 的取值范围的具体算法实现有两种写法。

写法 1：利用 Python 的取余运算符"%"支持浮点数类型取余运算来实现，可以直接写为 x=x%(2 * math. pi)。

写法 2：可利用计算式 $x = x - 2k\pi$，其中 $k = \lfloor x/(2\pi) \rfloor$，$\lfloor\ \rfloor$表示向下取整。写成 Python 代码为 x=x−(int)(x/(2 * math. pi)) * 2 * math. pi。

参考程序代码：

```
import math
def mySin(x):
    x=x%(2*math.pi)
    sign,sum,item=1,x,x
    for i in range(1,17):
        item*=(x*x)/(2*i*(2*i+1))
```

续表

```
7           sign=-sign
8           sum+=sign*item
9       return sum
10
11  n=int(input())
12  for i in range(n):
13      x=float(input())
14      print("%.9lf %.9lf"%(mySin(x),math.sin(x)))
```

说明

第1行：导入 math 库，其后要用到 π 常量 math.pi 和正弦函数 math.sin()。

第2～9行：定义 mySin()函数。参数为 x，单位为 rad，返回值为 x 的正弦函数值。

第3行：利用正弦函数的周期性，将 x 的值转换到[−2π，2π]范围内。在此直接利用 Python 的取余运算符“%”实现。若没有此行语句，当 x 比较大时，mySin(x)函数的结果将会是错误的。

第4行：将变量 sign，sum，item 分别赋初始值为 1，x，x。其中，变量 sign 用来表示每一项的符号，用 1 表示正号、−1 表示负号，符号初始为正号。变量 sum 用来存放前若干项的累加和，从第 0 项开始，根据公式，第 0 项的值为 x。变量 item 用来表示无符号的每一项的值。

第5～8行：for 循环结构。共循环 16 次，也就是计算公式中前 17 项和。这个循环的次数是通过多次试验得出来的，你可自己尝试一下，取更大或更小的循环次数，结果如何。

第6行：根据分析，前、后两项的变化规律为后项是在前项的基础上乘(x*x)/(2*i*(2*i+1))。

第7行：执行语句 sign=−sign，实现符号 sign 反号。

第8行：将当前项与表示符号的 sign 变量相乘后得到完整的一个项，将此项的值累加到变量 sum。循环结束后，变量 sum 的值就是通过展开式计算得到的 x 的正弦函数值。显然，此值与数学中的 sin(x)值存在小小的误差。在此，将误差控制在 10^{-9} 之内。

第9行：返回 x 的正弦函数近似值 sum。

第11行：获得用户输入的正整数转换为整数类型后存放到变量 n，它表示测试用例的个数。

第12～14行：for 循环结构，其作用是对每个测试用例循环一次。每次循环，获得输入的实数 x，其类型是浮点数类型，然后输出自己设计的函数 mySin(x)的值以及数学库 math.sin(x)的值，将两值进行对比。

重要知识点：

(1) 通过设计自定义的正弦函数与 math 库的正弦函数输出结果的比较，体会自定义函数设计的过程。

(2) 正弦函数周期性的运用。

(3) 计算结果的项数与结果精度的控制。

实验 7.4　第 k 对孪生素数

任务描述：

素数是只能被 1 和本身整除的正整数，也称质数。孪生素数是相差 2 的两个素数。第 1 对孪生素数是 3,5，第 2 对是 5,7，第 3 对是 11,13……那么第 k 对孪生素数是多少呢？编写程序，找出第 k 对孪生素数。

输入：

一个正整数 k，其最大值为 50000。

输出：

用空格分隔的第 k 对孪生素数。

输入举例 1：

1

输出举例 1：

3 5

输入举例 2：

10000

输出举例 2：

1260989 1260991

输入举例 3：

50000

输出举例 3：

8264957 8264959

分析：

在实现本编程任务之前需要解决一个最基本的问题：给定正整数 n，如何判断它为素数？

判断 n 是否为素数的方法有很多，下面给出比较容易掌握的一种方法：试除法。

试除法的基本思路是：将 n 试除以不包含 1 和 n 本身的小于 n 的正整数，若 n 能被其中任意一个数整除，则 n 不是素数；否则，n 是素数。

依此方法，如果整数 n 是素数，那么试除的次数为 $n-2$ 次。事实上，可以减少试除的次数，最大的试除数为 $\lfloor\sqrt{n}\rfloor$，其中 $\lfloor\ \rfloor$ 表示向下取整。这是因为如果在区间 $[2,\lfloor\sqrt{n}\rfloor]$ 上不存在能整除 n 的因子，那么在区间 $[\lfloor\sqrt{n}\rfloor+1,\ n-1]$ 上也不存在能整除 n 的因子。证明很简单，反证法：假设 n 在区间 $[2,\lfloor\sqrt{n}\rfloor]$ 上不存在能整除 n 的因子，并且在区间 $[\lfloor\sqrt{n}\rfloor+1,n-1]$ 上存在能整除 n 的因子 m，那么 n/m 也是能整除 n 的因子，从而 n/m 的取值范围为 $[2,\lfloor\sqrt{n}\rfloor]$，这与已知矛盾。

在具体实现本编程任务时，可以采用两种方式实现：

方式 1：设计一个函数 isPrime(n)，该函数的功能是判断 n 是否为素数，若是，则返回 True，否则返回 False。那么，孪生素数的判断可通过两次调用 isPrime() 函数来实现，判断 n 与 n+2 是否同时为素数即可，具体实现见参考程序代码(方式 1)。

方式 2：设计一个函数 isTwinPrime(n)，该函数的功能是判断 n 和 n+2 是否为孪生素数，若是则返回 True，否则返回 False。那么，孪生素数的判断可通过调用一次 isTwinPrime() 函数来实现，具体实现见参考程序代码(方式 2)。

注意：当 n 取值 50000 时，程序运行将会需要一些时间，请耐心等待。

参考程序代码(方式 1)：

```
def isPrime(n):
    root=int(math.sqrt(n))
```

续表

```
3      for i in range(2, root+1):
4          if n%i==0 :
5              return False
6      return True
7
8  import math
9  k=int(input())
10 n=3
11 cnt=0
12 while True:
13     if isPrime(n) and isPrime(n+2):
14         cnt+=1
15         if cnt==k :
16             print(n,n+2)
17             break
18     n+=1
```

说明

第 1～6 行：自定义函数 isPrime(n)。函数的功能为：返回值为 True 表示 n 是素数，返回值为 False 表示 n 不是素数。

第 2 行：得到 n 的平方根的整数，此值用来控制 for 循环的循环次数。

第 3～5 行：for 循环结构。循环变量 i 的取值范围为[2，root]，每循环一次，就测试整数 n 是否能被因子 i 整除。如果能整除，那么存在一个能整除 n 但不是 1 和 n 本身的因子，这意味着 n 不是素数，直接返回 False，此时的 for 循环也结束了。

第 6 行：语句 return True 表示此时函数的返回值为 True。因此，程序能执行到此语句，说明前面 for 循环中的 if 条件从未被满足过。也就是说，在区间[2，root]上没有因子能整除 n，意味着 n 是素数，所以在此返回 True 是合理的。

第 8 行：导入求平方根时所需的工具库 math。

第 9 行：获得输入的整数 k。

第 10 行：n 用来表示当前要判断的整数为 n 和 n＋2。因为孪生素数中最小值为 3，因此初始化变量 n 为 3。

第 11 行：给变量 cnt 赋初始值为 0，它用作计数器，用来计数当前孪生素数是第几对。

第 12～18 行：while 循环结构。其循环次数由计数孪生数是第几对的变量 cnt 的值所控制。循环变量为 n，每循环一次 n 自增 1。每循环一次判断 n 与 n＋2 是否为孪生素数，若是，则计数器 cnt 自增 1。当变量 cnt 的值达到了输入指定的 k 值时，则输出结果，并终止 while 循环。

参考程序代码(方式 2)：

```
1   def isTwinPrime(n):
2       root=int(math.sqrt(n+2))
3       for i in range(2,root+1):
4           if n%i==0 or (n+2)%i==0 :
5               return False
6       return True
7
8   import math
9   k=int(input())
10  n=3
11  cnt=0
12  while True:
13      if isTwinPrime(n)==True:
14          cnt+=1
15          if cnt==k:
16              print(n,n+2)
17              break
18      n+=1
```

说明

方式 2 与方式 1 大致相似，主要区别在于 isTwinPrime()函数。需要注意的是：在第 2 行存放到变量 root 中的值不是 n 的平方根的整数类型，而是 n+2 的平方根的整数类型，并且第 3 行中用来控制循环次数的 root 是对被测试的两个整数 n 和 n+2 同时起作用的。对于 n 来说，root=int(math. sqrt(n))，而对于 n+2 来说，root=int(math. sqrt(n+2))。显然，当 n≥5 时，二者相等。

重要知识点：

(1) 对比设计的两个不同函数 isPrime()与 isTwinPrime()，理解函数设计时需要考虑的问题。

(2) 素数判断的逻辑。

思考题：

(1) 对于本编程任务，方式 2 的试除次数比方式 1 少，即方式 2 的程序运行效率比方式

1 高。为什么呢？你能较好地说明吗？

(2) 对于方式 1 的参考程序代码，如果修改第 6 行的语句，不将其放在第 3 行的 for 循环结构之外，而是放在该循环内的 if 结构中作为其 else 分支，本程序是否仍然正确？为什么？

(3) 对于方式 1 的参考程序代码，如果修改第 15～17 行的语句，不将其放在第 13 行的 if 分支结构之内，而是放在该分支结构之外，即两者是顺序关系，本程序是否仍然正确？此修改对程序运行效率有何影响？

实验 7.5　猜数游戏

任务描述：

编程实现以下猜数游戏：

计算机随机产生一个范围在[1,N]的整数。为了简单，在本编程任务中 N 固定取值为 128。让用户猜，计算机只提示用户猜中了或是猜大了或是猜小了。

统计用户在前几轮游戏中猜中目标的平均猜测次数，并且根据当前猜测次数是否超过二分法的猜测次数输出相关信息。当 $N=128$ 时，那么二分法的猜测次数小于等于 7 次，因为 $\log_2 N=\log_2 128=7$。

输入：

每轮游戏用户可以多次输入一个猜测的整数，直到猜中或退出本轮游戏为止。该数可能的范围是[1,128]。输入－1 退出游戏。

输出：

新一轮游戏开始或上次没有猜中，则输出提示用户输入数据的信息。

用户输入猜测的数字后，若未猜中，则根据情况分别输出“你猜大了!”“你猜小了!”；若猜中，则输出“恭喜你猜中了！在前 * 轮游戏的平均猜测次数为 * * ”，其中平均猜测次数保留 2 位小数。

如果用户的当前猜测次数大于二分法的次数，那么提示“你的猜测方法有待改进哦！本轮猜数推荐序列为：*，*，*”。推荐的猜数序列为用二分法猜测本轮数字的猜数序列。

每一轮游戏与上一轮游戏之间用一个空行分隔。

输入与输出举例：

```
请输入你的猜测(－1 退出)：64
你猜小了!
请输入你的猜测(－1 退出)：96
你猜大了!
请输入你的猜测(－1 退出)：80
你猜小了!
请输入你的猜测(－1 退出)：87
你猜小了!
请输入你的猜测(－1 退出)：88
恭喜你猜中了！在前 1 轮游戏的平均猜测次数为 5.00
```

```
请输入你的猜测(-1 退出)：30
你猜小了!
请输入你的猜测(-1 退出)：80
你猜大了!
请输入你的猜测(-1 退出)：40
你猜大了!
请输入你的猜测(-1 退出)：35
你猜大了!
请输入你的猜测(-1 退出)：33
你猜大了!
请输入你的猜测(-1 退出)：32
恭喜你猜中了！在前 2 轮游戏的平均猜测次数为 5.50
你的猜测方法有待改进哦！本轮猜数推荐序列为：64,32

请输入你的猜测(-1 退出)：-1
```

分析：

从输入输出举例可以看出，在第 1 轮游戏中，计算机出的数是 88，用户用了 5 次猜中了；在第 2 轮游戏中，计算机出的数是 32，用户用了 6 次猜中了。

本程序直接按照任务的描述和输入输出的要求来设计即可。

二分法用于程序中的基本思想：设每次猜的数 n 可能在区间[left，right]的中位数 mid=(left+right)//2。若 mid 等于 n，则猜中了；若 n 比 mid 大，则下次猜测的区间为[mid+1，right]，下次继续用同样的方式猜；若 n 比 mid 小，则下次猜测的区间为[left，mid-1]，下次继续用同样的方式猜。

在此，用二分法从 1～n 的整数中查找值为 key 的数，将所经历的查找过程设计成函数 getSeq(n，key)。该函数的返回值是一个列表，该列表的元素为从开始查找至找到元素 key 所经过的整数构成的。显然，key 本身一定为此列表的最后一个元素。因为待查找的整数值 key 一定在区间[1，n]上，所以此函数的返回值至少有一个元素 key。具体实现见参考程序代码。

参考程序代码(部分 1)：

```
def getSeq(n,key):
    left=1;right=n;seq=[]
    while left<=right:
        mid=(left+right)//2
        seq.append(str(mid))
        if key==mid:
            break
        elif key<mid:
```

续表

```
9              right=mid-1
10         else:
11             left=mid+1
12     return seq
13
```

〔说明〕

第 1～12 行：函数 getSeq(n,key)的自定义。

第 2 行：变量 left 和 right 为整数类型，分别用来指示当前区间左端点、右端点的整数值，初始值分别为 1，n，因为初始时的区间为[1，n]。变量 seq 为列表类型，存放用二分法查找过程经过的整数，初始化为空列表。

第 3～11 行：while 循环结构。其作用是每次都用二分法找到区间中点对应的整数是否等于要找的整数 key，若是，则找到了，结束循环；否则，继续在二分后的子区间里找。循环的次数不定，循环的条件为：只要区间[left，right]至少有 1 个元素就继续循环，若该区间没有元素，即 left＞right，这意味着在区间[1，n]上没有找到 key，此时循环应该结束。需要说明的是：在本编程任务中，因为要找的 key 值一定在区间[1，n]上，所以这种 left＞right 的情况不会发生，从而此处 while 循环条件等价于 while True:。

第 4 行：得到区间中点值 mid。注意：在此使用整除运算符“//”，而不是除法运算符“/”。

第 5 行：将此中点值转换为字符串添加到列表 seq 的末尾。

第 6～11 行：比较中点值 mid 与需要查找的 key 值大小，分 3 种情况处理。

第 6～7 行：如果 key＝＝mid，说明此中点值就是要找的值。

第 8～9 行：如果 key＜mid，说明 key 应该在区间[left，mid－1]上，那么应该修改下次查找区间的右边界 right 的值为 mid－1。

第 10～11 行：如果 key＞mid，说明 key 应该在区间[mid＋1，right]上，那么应该修改下次查找区间的左边界 left 的值为 mid＋1。

第 12 行：将列表 seq 作为本函数的返回值返回。该列表中存放了一系列整数，最后一个元素一定是 key。

例如，当 n＝100，key＝78 时，getSeq(n，key)函数输出在区间[1，100]上用二分法查找 key 的数字序列，得到返回值为列表[50，75，88，81，78]。

参考程序代码(部分 2)：

```
14  import random
15  N=128;turn=1;k=1;sum=0;seqLen=0
16  while True:
17      num=random.randint(1,N)
18      while True:
```

续表

```
19            print('请输入你的猜测(-1 退出):',end='')
20            myGuess=int(input())
21            if myGuess==-1:
22                break
23            if myGuess==num:
24                sum+=k
25                avg=sum/turn
26                print("恭喜你猜中了!在前"+str(turn)+
                      '轮游戏的平均猜测次数为%.2f'%avg)
27                seq=getSeq(N,num)
28                seqLen+=len(seq)
29                if k>seqLen:
30                    print("你的猜测方法有待改进哦!本轮猜数推荐序列为:"+
                            ",".join(seq))
31                print()
32                k=1
33                break
34            elif myGuess>num:
35                print('你猜大了!')
36                k+=1
37            else:
38                print('你猜小了!')
39                k+=1
40        if myGuess==-1:     break
41        turn+=1
```

说明

第 14 行:导入产生随机数所需的库 random。

第 15 行:在本任务中 N 固定取值为 128。变量 turn 用来记录是第几轮游戏。变量 k 用来记录用户在本轮游戏猜测的次数。变量 sum 用来累计前若干轮游戏的猜测总次数。变量 seqLen 用来记录二分法猜数的次数。

第 16～41 行：while 循环结构。每循环一次为一轮游戏。本循环只有当用户输入－1时，才会终止循环。

第 17 行：由计算机生成一个取值范围在[1，N]上的随机数，该随机数就是用户需要猜测的那个目标数。

第 18～39 行：内层 while 循环结构。每循环一次为某轮游戏的一次猜数。

第 19 行：输出提示用户输入猜数的信息。

第 20 行：获得用户输入猜数，转换为整数类型，存放到变量 myGuess 中。

第 21～22 行：如果用户输入－1，那么通过执行 break 语句跳出本层 while 循环，跳到第 40 行，执行该行的 break 语句跳出外层 while 循环。

第 23～39 行：if-elif-else 多分支结构。根据用户输入的猜数 myGuess 与由计算机生成的目标数 num 进行比较的结果，分 3 种情况进行处理：

第 23～33 行，myGuess 等于 num，用户猜中后所需进行的相关处理。

第 34～36 行，myGuess 大于 num，输出提示信息"你猜大了！"，且猜测次数增加 1。

第 37～39 行，myGuess 小于 num，输出提示信息"你猜小了！"，且猜测次数增加 1。

第 24 行：变量 sum 累计当前轮游戏的猜测次数。

第 25 行：计算前若干轮游戏的平均猜测次数。

第 26 行：输出前若干轮游戏的平均猜测次数信息。

第 27 行：调用自定义函数 getSeq(N，num)，得到在[1，N]上的用二分法猜目标数 num 的数字序列，结果存放到列表 seq 中。

第 28 行：得到列表 seq 中的元素个数，存放到变量 seqLen 中，此值为用二分法猜数的次数。

第 29～30 行：如果本轮猜数次数 k 大于二分法的猜数次数 seqLen，那么提示用户方法有待改进，并且输出二分法猜数序列。

第 31 行：本轮猜中后，输出一个空行。

第 32 行：本轮猜中后，将本轮猜数次数计数器 k 重置为 1。

第 33 行：本轮猜中后，执行 break 语句，结束内层循环，跳转到第 40 行，结束外层循环。

第 34～36 行：处理用户猜大了的情况。先输出信息，然后本轮猜数次数计数器 k 自增 1。

第 37～39 行：处理用户猜小了的情况。先输出信息，然后本轮猜数次数计数器 k 自增 1。

第 40 行：用来判断是否结束游戏。

第 41 行：外层循环每循环一次，意味着游戏进行了一轮，游戏轮数计数器 turn 自增 1。

重要知识点：

(1) 理解自定义函数 getSeq()中的二分法查找思想。

(2) 随机数的生成。

(3) 游戏相关信息的计数和输出。

实验 7.6　绘制五星红旗

任务描述：

五星红旗是我国的国旗，其画法要遵守国家标准。对国旗尺寸和制法，中华人民共和国国家标准 GB 12982—2004 做了严格的规定，制作者必须遵照执行。

国旗的形状、颜色两面相同，旗上五星两面相对。为便利计，以下仅以旗杆在左的一面为说明：

(1) 旗面为红色，长方形，长高比为 3:2，旗面左上方缀黄色五角星 5 颗。一星较大，居左；四星较小，环拱于大星之右。

(2) 五星的位置与画法如下：

① 为了便于定位五星的位置，先将旗面对分为 4 个相等的长方形，再将左上方长方形上下划分为 10 等份，左右划分为 15 等份。

② 大五角星的外接圆圆心位于该长方形上五下五、左五右十之处，外接圆半径为 3 等份，五角星的一个尖角位于正上方。

③ 4 颗小五角星的外接圆圆心分别为：第 1 个圆心在上二下八、左十右五之处，第 2 个圆心在上四下六、左十二右三之处，第 3 个圆心在上七下三、左十二右三之处，第 4 个圆心在上九下一、左十右五之处。外接圆半径为 1 等份。每个小五角星各有一顶点位于大五角星中心点与小五角星中心点的连线上，即 4 颗小五角星均各有一个尖角对着大五角星的中心点。

五星红旗的绘制尺寸如图 7.1 所示。

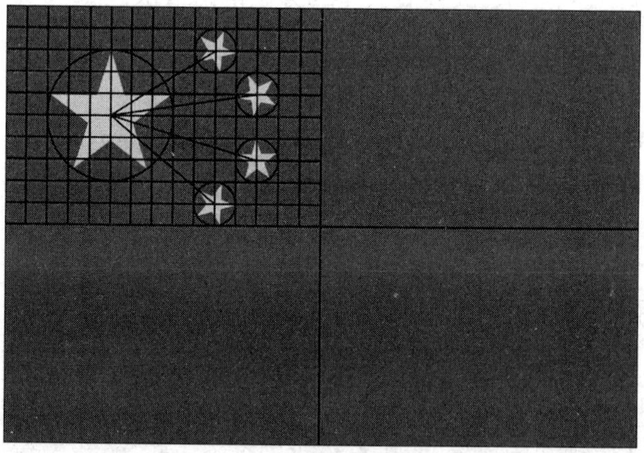

图 7.1　五星红旗的绘制尺寸

请根据以上规则，编程绘制指定宽度的国旗。

输入：

一个正整数 w，表示国旗的宽度，单位为像素，w 的取值区间为[500,1000]。

输出：

一个宽度为 w 的国旗图案。

输入举例：

1000

输出举例：

分析：

按照上述绘制规则定位每颗五角星的位置和大小，就能绘制出来。

大致步骤为：首先绘制旗面大矩形并用红色填充，然后逐个绘制 5 颗五角星并用黄色填充。

已知旗面矩形的宽为 w，高为 h，坐标原点在绘图窗口或画布的中心，水平向右为 x 正向，垂直向上为 y 正向。那么，画旗面矩形的关键是确定矩形 4 个顶点的坐标，然后依次连线。例如，从左上角出发，按顺时针方向依次连接出 4 条边，构成矩形这一封闭图形，然后用红色填充即可。如图 7.2 所示，4 个顶点的坐标分别为左上角$(-w/2,h/2)$、右上角$(w/2,h/2)$、右下角$(w/2,-h/2)$、左下角$(-w/2,-h/2)$。

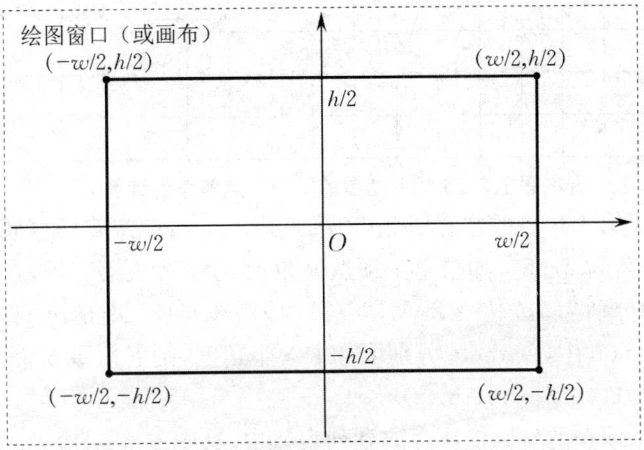

图 7.2　旗面矩形

五角星的画法：

第 1 步：确定第 1 顶点的坐标，只需要确定外接圆圆心坐标、半径、第 1 顶点偏角即可。在此，指定 5 个顶点中某一个为第 1 顶点，如图 7.3 中大五角星的顶点 s。第 1 顶点偏角是以五角星外接圆圆心为中心从 x 正向按逆时针方向旋转到该顶点所经过的角度，单位为 rad。

因此，对于大五角星和 4 颗小五角星而言，外接圆圆心坐标为(x,y)、半径为 r、第 1 顶点偏角 θ 的值如表 7.1 所示。假定 4 等分后的旗面左上方矩形中正方形单元格的边长的单位为 unit（见图 7.3）。

表 7.1　五角星的外接圆圆心坐标和半径以及第 1 顶点偏角

	外接圆圆心坐标 (x,y) /unit	外接圆半径 r /unit	第 1 顶点偏角 θ /rad	
大五角星	(−10,5)	3	$0+\pi/2$	$\pi/2$
小五角星 1	(−5,8)	1	$\theta_1+\pi$	atan(3/5)+π
小五角星 2	(−3,6)	1	$\theta_2+\pi$	atan(1/7)+π
小五角星 3	(−3,3)	1	$\theta_3+\pi/2$	atan(7/2)+π/2
小五角星 4	(−5,1)	1	$\theta_4+\pi/2$	atan(5/4)+π/2

4 颗小五角星的第 1 顶点偏角的计算如图 7.3 所示。其中，atan()函数为数学三角函数中的反正切函数(数学中常记为 arctan())，对应 Python 的 math 库中反正切函数为 atan()，返回角度值的单位为 rad。

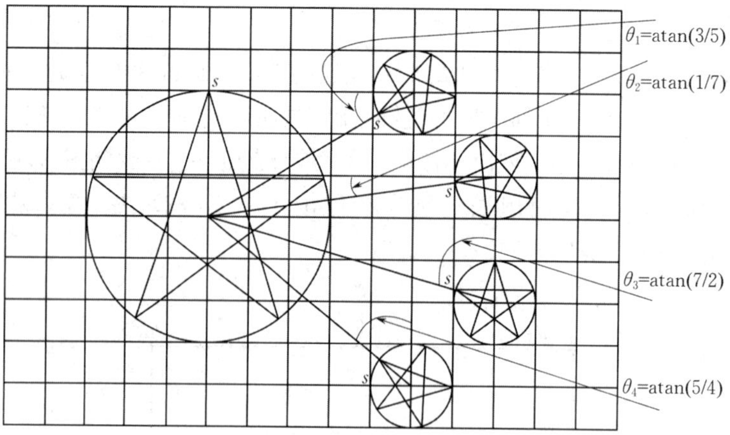

图 7.3　4 颗五角星的第 1 顶点偏角的计算

第 2 步：确定了第 1 顶点的位置后，五角星其余 4 个顶点按将外接圆 5 等分即可得到。每等份对应的中心角为 $2\pi/5$。如果第 1 顶点偏角为 θ，那么从第 1 顶点开始按逆时针方向的每个顶点的偏角分别为 $\theta,\theta+1\times2\pi/5,\theta+2\times2\pi/5,\theta+3\times2\pi/5,\theta+4\times2\pi/5$。由解析几何知识可知，在 Python 中，令 theta 分别取如上 5 个角度，则五角星 5 个顶点的坐标可表示为(x+r * cos(theta),y+r * sin(theta))。

第 3 步：将 5 个顶点的坐标依次存放到列表 p 中，其中 p[0]对应第 1 顶点的坐标，那么只需要将顶点按隔点相连的方式连线即可得到五角星，如 p[0],p[2],p[4],p[1],p[3],p[0]。以 p[0]作为起点，那么连线点的下标序列为(2,4,1,3,0)，绘制 5 条连线分别为 p[0]→p[2],p[2]→p[4],p[4]→p[1],p[1]→p[3],p[3]→p[0]，如图 7.4 所示。

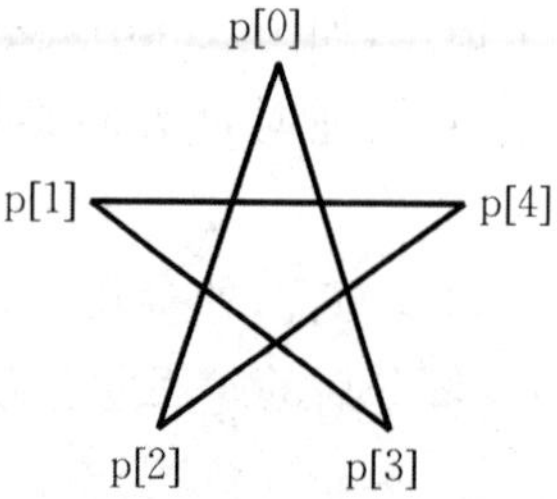

图 7.4

由上述分析易知，在 Python 中，5 颗五角星的绘制方法相同，只是外接圆圆心、半径、第 1 顶点偏角不同。因此，在 Python 中，将圆心坐标(x，y)、半径 r、夹角 theta 作为参数，可以设计绘制一个五角星的函数 drawStar(x，y，r，theta)，再利用自定义函数 drawFiveStars(w)，用 5 组不同的参数便能绘制出所需要的 5 颗五角星。

参考程序代码(部分 1)：

```
1   def drawFlagRect(w):
2       h=w*2/3
3       tt.color("red")
4       tt.up()
5       tt.goto(-w/2,h/2)
6       tt.down()
7       tt.begin_fill()
8       tt.goto(w/2,h/2)
9       tt.goto(w/2,-h/2)
10      tt.goto(-w/2,-h/2)
11      tt.goto(-w/2,h/2)
12      tt.end_fill()
13      tt.up()
14
```

说明

第 1～13 行：自定义函数 drawFlagRect(w)。该函数的功能是绘制旗面大矩形并用红色填充。矩形宽度为 w，宽高比为 3∶2。

第 2 行：已知矩形宽度为 w，宽高比为 3∶2，那么，矩形高度 h＝w * 2/3。

第 3 行：设置 turtle 画笔的颜色为红色。也就是说，由此画笔画出来的线条颜色和填充颜色均为红色。

第 4 行：将 turtle 画笔提起，以防从前一个位置点到下一个 goto()定位的位置点之间产生连线。

第 5 行：将 turtle 画笔定位到旗面的左上角，该点的坐标为(－w/2，h/2)。坐标原点在旗面的中心。需要注意的是：turtle 的坐标原点在窗口的中心，水平向右为 x 正向，垂直向上为 y 正向。

第 6 行：将 turtle 画笔放下，绘图将从此点开始。

第 7 行：从调用 turtle 的 begin_fill()函数开始至 end_fill()函数结束，其中绘制的封闭图形将用当前填充色填充。

第 8 行：从前一个点(旗面左上角)连线到坐标为(w/2，h/2)的旗面右上角，画出旗面的上边线条。

第 9 行：从前一个点（旗面右上角）连线到坐标为（w/2，－h/2）的旗面右下角，画出旗面的右边线条。

第 10 行：从前一个点（旗面右下角）连线到坐标为（－w/2，－h/2）的旗面左下角，画出旗面的下边线条。

第 11 行：从前一个点（旗面左下角）连线到坐标为（－w/2，h/2）的旗面左上角，画出旗面的左边线条。至此，矩形封闭。只有封闭图形才能正确填充。

第 12 行：与第 7 行呼应，将两语句之间绘制的封闭图形填充红色，即绘制出红色旗面。

第 13 行：提起画笔，以防从当前位置点到下一个 goto()定位的位置点之间产生连线。

参考程序代码(部分 2)：

```
15  def drawStar(x,y,r,theta):
16      tt.color("yellow")
17      p=[]
18      for i in range(5):
19          p.append((x+r*cos(theta),y+r*sin(theta)))
20          theta+=2*pi/5
21      tt.goto(p[0])
22      tt.down()
23      seq=(2,4,1,3,0)
24      for i in range(5):
25          tt.goto(p[seq[i]])
26      tt.up()
27
```

说明

第 15～26 行：自定义函数 drawStar(x，y，r，theta)。该函数的功能是绘制一颗黄色五角星，其外接圆圆心坐标为(x，y)，半径为 r，五角星第 1 顶点偏角为 theta。

第 16 行：设置画笔颜色和填充颜色为黄色。也就是说，由此画笔画出来的线条颜色和填充颜色均为黄色。

第 17 行：列表 p 用来存放五角星的 5 个顶点坐标。p[0]为第 1 顶点的坐标，其后顶点按逆时针方向排列。该列表的每个元素为一个形如(x，y)的二元组，表示该顶点的坐标。初始时，p 为空列表。

第 18～20 行：for 循环结构，其作用是将 5 个顶点的坐标依次存放到列表 p 中。每循环一次，追加一个表示顶点坐标的二元组到列表 p 中。

第 19 行：将当前顶点的坐标二元组添加到列表 p。顶点坐标为(x＋r＊cos(theta)，y＋r＊sin(theta))。注意：添加到列表 p 的元素类型是元组，必须有小括号()括起来。

第 20 行：将表示第 1 顶点偏角的 theta 值自增 2＊pi/5，为下次循环做好准备。

第 21 行：将 turtle 的画笔定位到五角星第 1 顶点。

第 22 行：放下 turtle 画笔，开始绘制图形。

第 23 行：将五角星连线顺序(2,4,1,3,0)赋值到元组 seq。

第 24～25 行：for 循环结构。其作用是通过连续地调用 turtle.goto()，绘制 5 条连线，分别为 p[0]→p[2]，p[2]→p[4]，p[4]→p[1]，p[1]→p[3]，p[3]→p[0]。

第 26 行：提起 turtle 画笔，防止当前点与下一点之间有连线。

参考程序代码(部分 3)：

```
28  def drawFiveStars(w):
29      unit=w/30
30      xc=(10,5,3,3,5)
31      yc=(5,8,6,3,1)
32      rc=(3,1,1,1,1)
33      theta=(pi/2,
34             atan(3/5)+pi,
35             atan(1/7)+pi,
36             atan(7/2)+pi/2,
37             atan(5/4)+pi/2)
38      x=[e*-unit for e in xc]
39      y=[e*unit for e in yc]
40      r=[e*unit for e in rc]
41      for i in range(5):
42          tt.begin_fill()
43          drawStar(x[i],y[i],r[i],theta[i])
44          tt.end_fill()
45
```

说明

第 28～44 行：自定义函数 drawFiveStarts(w)。该函数的功能是在宽度为 w 的旗面上按照我国国旗标准绘制 5 颗五角星。该函数调用了 drawStar()函数 5 次，每次调用后绘制出一颗五角星。

第 29 行：由国旗标准可知，每个单元格的边长 unit 为 w/30。

第 30～37 行：设置 5 颗五角星的外接圆圆心坐标、半径、第 1 顶点偏角的参数值，其值的确定参见分析部分。坐标原点在旗面中心。

第 30 行：元组 xc 存放了 5 颗五角星外接圆圆心的坐标 x，单位为 unit。

第 31 行：元组 yc 存放了 5 颗五角星外接圆圆心的坐标 y，单位为 unit。

第 32 行：元组 rc 存放了 5 颗五角星外接圆半径，单位为 unit。

第 33～37 行：元组 theta 存放了 5 颗五角星第 1 顶点偏角，单位为 rad。

第 38～40 行：将圆心坐标、半径按单位为 unit 换算为可用于绘图的像素值。

第 41～44 行：用 5 颗五角星相应的参数调用 drawStart()函数，绘制出相应的 5 颗黄色的五角星。

参考程序代码(部分 4)：

```
46  import turtle as tt
47  from math import pi,sin,cos,atan
48  tt.speed(3)
49  w=int(input())
50  drawFlagRect(w)
51  drawFiveStars(w)
52  tt.hideturtle()
53  tt.done()
```

说明

第 46～53 行：为本程序的主程序部分。前面设计的函数必须通过此主程序才能真正地被调用。

第 46 行：导入 turtle 库并重命名为 tt。

第 47 行：导入 math 库的 π 常量、正弦函数、余弦函数、反正切函数。

第 48 行：设置 turtle 绘图的速度。速度取值 1～10，10 表示最快速度，1 表示最慢速度。速度慢一点，能方便用户更清楚地看到绘图的每一个步骤。此处设为 3。

第 49 行：获得用户输入的正整数值，表示待绘制国旗的旗面宽度，单位为像素。

第 50 行：调用函数 drawFlagRect(w)，绘制表示旗面的大矩形。

第 51 行：调用函数 drawFiveStarts(w)，绘制旗面上的 5 颗五角星。

第 52 行：绘制完毕后，隐藏 turtle 的绘图图标。

第 53 行：调用 turtle. done()，其作用是在绘制完毕后，图形窗口能一直保留，直到用户关闭。如果没有此语句，那么绘制完毕后，图形窗口将自动关闭。

重要知识点：

(1) 国旗绘制的几何分析。

(2) turtle 绘图操作的运用。

(3) 自定义函数的设计和调用。

思考题：

(1) 如何绘制无填充的只有线条的国旗图案，即只有五角星线条、外接圆、大五角星与小五角星中心连线、左上方长方形单元格网格线？

(2) 如何将绘制的图像保存为 jpg 或 png 格式的图像文件？

(3) 请查阅共青团团旗的绘制标准，编写 Python 程序绘制，如图 7.5 所示。

图 7.5　共青团团旗(Python 程序绘制)

实验 7.7　星期几(给定日期)

任务描述：

在日常生活中，我们经常需要知道某年某月某日是星期几。那么，给定年月日，编程实现该日是星期几的功能。

输入：

用短横线分隔的年、月、日。输入的年、月、日符合历法。

输出：

给定的年月日是星期几。

输入举例 1：

2019-1-18

输出举例 1：

星期五

输入举例 2：

2020-9-1

输出举例 2：

星期二

输入举例 3：

2025-10-5

输出举例 3：

星期天

分析：

本编程任务既可利用 datetime 库中的相关函数实现，也可利用 calendar 库中的相关函数实现。

方式 1：datetime. datetime(年，月，日). weekday()的返回值为一个整数，表示该年月日对应星期几，返回值为 0,1,2,3,4,5,6，分别对应星期一、星期二……星期六、星期天。据此返回值和表示星期几的元组，就能得到结果。

方式 2：calendar. weekday(年，月，日)的返回值含义与前者相同。

参考程序代码(方式 1)：

```
import datetime
ymd=input().split('-')
year=int(ymd[0])
month=int(ymd[1])
day=int(ymd[2])
```

续表

```
6 wd=datetime.datetime(year,month,day).weekday()
7 names=('星期一','星期二','星期三','星期四','星期五','星期六','星期天')
8 print(names[wd])
```

说明

第 1 行：导入 datetime 库。该库能处理与时间日期相关的信息。

第 2 行：将输入的以短横线分隔的年月日拆分后存放到列表 ymd 中，每个元素为字符串类型。

第 3～5 行：将列表 ymd 中下标为 0,1,2 的元素从字符串类型转换为整数类型，分别存放到变量 year,month,day 中。此外，利用列表解析式，还可将第 3～5 行的代码等价于语句 year,month,day=[int(e) for e in ymd]。当然，也可以将第 2～5 行的代码等价于语句 year,month,day=[int(e) for e in input(). split('-')]。

第 6 行：调用 datetime. datetime(year,month,day). weekday()函数，获得表示该日期为星期几的整数 wd。

第 7 行：给元组 names 赋值，元素顺序为星期一至星期天。此顺序的元素下标正好与 datetime. datetime(year,month,day). weekday()返回值表示的星期几一一对应。

第 8 行：以 wd 的值作为元组 names 的下标，得到对应星期几的字符串，然后输出。

参考程序代码(方式 2)：

```
1 import calendar
2 year,month,day=[int(e) for e in input().split('-')]
3 wd=calendar.weekday(year,month,day)
4 names=('星期一','星期二','星期三','星期四','星期五','星期六','星期天')
5 print(names[wd])
```

说明

第 1 行：导入 calendar 库。该库能处理与日期相关信息。

第 2 行：利用列表解析式，将输入的以短横线分隔的年月日拆分后存放到元素类型为字符串类型的列表中，然后将每个列表元素转换为整数类型，最后分别赋值给变量 year,month,day。

第 3 行：调用函数 calendar. weekday(year,month,day)获得表示该日期为星期几的整数 wd。

第 4 行：给元组 names 赋值，元素顺序为星期一至星期天。此顺序的元素下标正好与 calendar. weekday(year,month,day)返回值表示的星期几一一对应。

第 5 行：以 wd 的值作为元组 names 的下标，得到对应星期几的字符串，然后输出。

重要知识点：

(1) 利用 datetime 库获得某日期的星期信息。

(2) 利用 calendar 库获得某日期的星期信息。

实验 7.8 相隔多少天

任务描述:

若特定的某天有重要事情发生,则这个日子值得期待,那么这个日期离现在还有多少天?如果已知两个事件发生的日期,那么这两个事件之间相差多少天?对此类问题,我们可以归纳为:对给定两个包含年、月、日的日期,编写程序,求两者之间相差的天数。

输入:

第1行为一个小于1000的正整数 n,表示测试用例的个数。其后 n 行,每行包含一个测试用例。

每个测试用例包含用空格分隔的两个日期。年、月、日之间用短横线分隔。年、月、日最小为公元1年1月1日,最大为公元9999年12月31日。输入的日期是合理的日期。注意:每个测试用例中的前后两个日期中,前一个日期不一定比后一个日期小。

输出:

每个测试用例输出一行。输出两个日期之间相隔的天数。

注意:本任务中,所有年份的天数、月数、闰年均按现行公历历法推算,不用考虑历史上曾经因为某种原因导致的日期异动。

输入举例:

```
5
2016-10-28 2016-10-28
2001-1-1 2000-1-1
1-2-3 3-2-1
2020-10-31 2000-2-28
9999-12-31 1-1-1
```

输出举例:

```
0
366
728
7551
3652058
```

分析:

对于本编程任务,在得到输入的两个日期的年月日整数值后,可以利用 datetime 库中的 datetime(年,月,日)函数创建指定日期的日期对象。然后,利用 datetime 日期对象的特性:它支持两个 datetime 日期对象的减法运算,得到结果为一个 timedelta 对象,表示时间的区间,主要是两个日期之间的时间差。最后,读取 timedelta 对象的 days 属性,即得到两个日期之间相差的整天数。

需要注意的是:本编程任务输入的最大日期为公元9999年12月31日。通过在 Python 中运行语句 help('datetime.datetime'),查阅到 datatime 能表示的最大和最小日期时间如下:

max=datetime. datetime(9999,12,31,23,59,59,999999)

min=datetime. datetime(1,1,1,0,0)

参考程序代码:

```
1   import datetime
2   n=int(input())
3   for i in range(n):
4       strDate1,strDate2=input().split()
5       dateA=strDate1.split('-')
6       y1,m1,d1=int(dateA[0]),int(dateA[1]),int(dateA[2])
7       dateB=strDate2.split('-')
8       y2,m2,d2=int(dateB[0]),int(dateB[1]),int(dateB[2])
9       dt1=datetime.datetime(y1,m1,d1)
10      dt2=datetime.datetime(y2,m2,d2)
11      delta=dt2-dt1
12      print(abs(delta.days))
```

说明

第 1 行:导入 datetime 库。

第 2 行:获得用户输入的测试用例个数。

第 3~12 行:for 循环结构,每循环一次,处理一个测试用例。

第 4 行:将输入的由空格分隔的两个日期拆分后存放到字符串变量 strDate1,strDate2 中。这两个变量中存放的都是形如“年-月-日”的字符串。

第 5 行:将第 1 个日期中用短横线分隔的年月日拆分后存放到列表 dateA 中。列表 dateA 中的每个元素为字符串类型。

第 6 行:将 dateA 中的 3 个元素分别转换为整数后,赋值给变量 y1,m1,d1。此行语句也可写成 y1,m1,d1=[int(e) for e in dateA]。

第 7 行:将第 2 个日期中用短横线分隔的年月日拆分后存放到列表 dateB 中。列表 dataB 中的每个元素为字符串类型。

第 8 行:将 dateB 中的 3 个元素分别转换为整数后,赋值给变量 y2,m2,d2。此行语句也可写成 y2,m2,d2=[int(e) for e in dateB]。

第 9 行:调用 datetime. datetime(y1,m1,d1)函数,得到第 1 个日期对应的 datetime 对象 dt1。

第 10 行:调用 datetime. datetime(y2,m2,d2)函数,得到第 2 个日期对应的 datetime 对象 dt2。

第 11 行:由两个日期对象 dt1,dt2 之差,得到 timedelta 对象 delta。

第 12 行:由 delta. days 得到此日期增量对象对应的整天数。因此,此值可能为负数,所以调用 Python 内置函数 abs()，得到绝对值，最后输出。

以上代码有更简洁的写法，其中第 4 行为嵌套的列表解析式，程序代码如下：

```
1  from datetime import datetime
2  n=int(input())
3  for i in range(n):
4      (y1,m1,d1),(y2,m2,d2)=[(int(e) for e in dt.split('-'))
                                      for dt in input().split()]
5      dt1,dt2=datetime(y1,m1,d1),datetime(y2,m2,d2)
6      print(abs((dt2-dt1).days))
```

重要知识点：

(1) 利用 datetime 库，对两个 datetime 对象执行相减运算，得到 timedelta 对象，最后输出以"天"为单位的日期增量值。

(2) 单个赋值语句中多元组的赋值操作。

(3) 绝对值函数 abs()的运用。

思考题：

如果本编程任务输入的日期时间超出了公元 1 年 1 月 1 日或公元 9999 年 12 月 31 日的范围，那么该如何解决呢？

实验 7.9　工　作　日

任务描述：

我们在日常办事过程中经常会遇到某事需要等待若干个工作日才能得到答复的情况。现在将问题简化，不考虑元旦、国庆、春节等节假日放假，仅考虑每周工作日为周一至周五，周六周日休息的情形。

给定某个日期和此日期后所需等待的工作日个数，编写程序，输出最快在哪天可以得到答复。例如，办事当天是周一，需等待 2 个工作日，则最快在周四得到答复。

输入：

空格分隔的 4 个正整数，分别为给定日期的年、月、日及需要等待的工作日个数。不管给定日期的当天是否为工作日都不计入所需等待的工作日个数中。该日期一定是一个合乎历法的日期。

输出：

4 行。

第 1 行输出输入日期是周几，如周一、周二、周三、周四、周五、周六、周日。

第 2 行输出能得到答复的工作日的最小日期的年、月、日。年月日用空格分隔。

第 3 行输出该答复日期是周几。

第 4 行输出该答复日期是输入日期的几天后。

输入举例 1：

2019 8 19 1

输入举例 2：

2025 7 8 2

输入举例 3：

2029 3 4 25

输出举例 1:

周一
2019 8 21
周三
2

输入举例 4:

2019 8 22 1

输出举例 4:

周四
2019 8 26
周一
4

输出举例 2:

周二
2025 7 11
周五
3

输入举例 5:

2020 12 23 345678

输出举例 5:

周三
3345 12 28
周二
483951

输出举例 3:

周日
2029 4 9
周一
36

输入举例 6:

2030 2 21 5

输出举例 6:

周四
2030 3 1
周五
8

分析:

利用能表示日期并对日期进行运算的库 datetime 就能很好地满足本编程任务的要求。当然也可利用其他的日期相关的库来完成。

基本思路是:从输入的给定日期开始,逐个往后推移并累计工作日个数,达到给定的工作日个数为止。至此,根据计算得到了最小的答复日期。最后按要求输出相关信息即可。

参考程序代码:

```
import datetime
chnWeekDay='一二三四五六日'
y,m,d,wds=input().split()
y,m,d,wds=int(y),int(m),int(d),int(wds)
startDate=datetime.date(y,m,d)
cnt=0
dt=startDate
while cnt<=wds%5:
    dt=dt+datetime.timedelta(days=1)
    if dt.weekday()<5:
        cnt+=1
dt=dt+datetime.timedelta(days=wds//5*7)
print("周"+chnWeekDay[startDate.weekday()])
print("%d%d%d"%(dt.year,dt.month,dt.day))
print("周"+chnWeekDay[dt.weekday()])
delta=dt-startDate
print(delta.days)
```

说明

第1行：导入 datetime 库。

第2行：chnWeekDay 存放一周七天的中文名。通过"周"＋chnWeekDay[i]的方式可以得到对应周几的名称，其中 i 取值 0，1，2，3，4，5，6，分别对应周一、周二、周三、周四、周五、周六、周日。例如，"周"＋chnWeekDay[0]的值为“周一”，"周"＋chnWeekDay[1]的值为“周二”……"周"＋chnWeekDay[6]的值为“周日”。

第3行：获得输入的年、月、日和工作日个数，变量 y，m，d，wds 的数据类型为字符串类型，不能直接作为整数进行运算，必须转换后才可以。

第4行：将 y，m，d，wds 的值转换为整数类型。

第5行：利用 datetime 库中的 date( ) 函数，根据当前年月日，构造 datetime 对象 startDate。

第6行：变量 cnt 用来累计工作日的个数，非工作日不计算在内，赋初始值为 0。

第7行：初始化 dt 变量的值为 startDate 对应的日期。变量 dt 所表示的日期值将在以下 while 循环中被改变。

第8～11行：while 循环结构。整个循环结构用来实现从 startDate 对应的日期开始往后逐个地检查和计数工作日个数，直到工作日个数达到 wds%5 个为止。每循环一次，变量 dt 所表示的日期往后推一天。循环的次数不是 wds%5 次，可能会多一些。因为变量 cnt 自增 1 是有条件的，并不是每循环一次就增加 1。循环的条件表达式使用了 wds%5，而不是 wds，这是利用了 5 个工作日为一个周期的特性。因为每 5 个工作日对应 1 个 7 天，所以凡是工作日个数 wds 大于 5 的，在按 wds%5 计算得到个数后再加上 wds//5 * 7 就是最后所需等待的总天数。这样，减少了循环次数，提高了程序运行效率。

注意：循环结束后，变量 dt 中存放的日期是从 startDate 对应的日期经过 wds%5 个工作日后的日期。

第9行：利用 datetime 对象与 timedelta 对象的“＋”运算，实现将 dt 的日期往后推移 1 天。

第10～11行：判断此时的 dt 的日期是否为工作日，若是，则将工作日计数 cnt 自增 1。因为周一至周五为工作日，根据日期对象的 weekday( ) 函数返回值的含义，表达式 dt. weekday()＜5中的整数 5 对应的是周六。

第12行：将 dt 的日期加上 wds//5 * 7 的天数后得到新的日期，此日期就是答复日期。此处的整数 5 表示一周 5 个工作日，此处的整数 7 表示一周 7 天。

第13行：输出起始日期是周几。先利用 datetime 对象的 weekday()函数获得表示该日期是星期几的一个整数值 0～6。然后，将此值作为 chnWeekDay 的下标，就能得到对应周几的中文字符“一”“二”“三”“四”“五”“六”“日”。最后，在前面拼上字符“周”，就能得到“周一”“周二”……“周日”这样的结果。

第14行：输出 dt 所表示日期的年、月、日。

第15行：用与第13行同样的方式输出 dt 所表示日期是周几。

第16行：得到 dt 所表示的结果日期与输入日期 startDate 之间相差的天数，存放到 delta 中。

第17行：由 delta. days 得到相应的总天数并输出。

重要知识点：

（1）利用 datetime 库获得某个日期是周几。

（2）datetime 库中的 datetime 和 timedelta 类的运用：datetime 对象＋timedelta 对象得到新的 datetime 对象；datetime 对象－datetime 对象得到新的 timedelta 对象。

（3）掌握字符串的下标与字符对应关系。

实验 7.10　Windows 风格的月历

任务描述：

Python 的 calendar 库中的 month(年，月)函数能得到某年某月的月历。例如，调用 print(calendar.month(2019,9))函数，输出 2019 年 9 月的月历如下：

```
   September 2019
Mo Tu We Th Fr Sa Su
                   1
 2  3  4  5  6  7  8
 9 10 11 12 13 14 15
16 17 18 19 20 21 22
23 24 25 26 27 28 29
30
```

说明：查看本程序结果时，应使用等宽字体，如中文字体，否则数字和中文字符或英文字符不能对齐列宽。

而 Windows 任务栏的日期时间窗口的月历如图 7.6 所示。

图 7.6　Windows 的月历

对于给定的年月，编写程序，输出 Windows 风格的月历。

输入：

两行。第 1 行为一个小于等于 9999 的正整数，表示年份。第 2 行为一个小于等于 12 的正整数，表示月份。

输出：

第 1 行的“某年某月”之前有 6 个前导空格。每列输出占 3 个英文字符宽度，靠右对齐，一个中文字符宽度按 2 个英文字符宽度计。星期几的顺序为星期日、一、二、三、四、五、六。具体格式参考输出举例。

输入举例1：

```
2019
9
```

输出举例1：

```
      2019年9月
日 一 二 三 四 五 六
 1  2  3  4  5  6  7
 8  9 10 11 12 13 14
15 16 17 18 19 20 21
22 23 24 25 26 27 28
29 30
```

输入举例2：

```
2021
2
```

输出举例2：

```
      2021年2月
日 一 二 三 四 五 六
    1  2  3  4  5  6
 7  8  9 10 11 12 13
14 15 16 17 18 19 20
21 22 23 24 25 26 27
28
```

输入举例3：

```
2009
2
```

输出举例3：

```
      2009年2月
日 一 二 三 四 五 六
 1  2  3  4  5  6  7
 8  9 10 11 12 13 14
15 16 17 18 19 20 21
22 23 24 25 26 27 28
```

输入举例4：

```
2020
5
```

输出举例4：

```
      2020年5月
日 一 二 三 四 五 六
                1  2
 3  4  5  6  7  8  9
10 11 12 13 14 15 16
17 18 19 20 21 22 23
24 25 26 27 28 29 30
31
```

分析：

本编程任务有多种实现方式。可以利用datetime库中的日期相关函数来实现，也可以利用calendar库来实现，对于本编程任务来说，后者更简便。

例如，可直接利用base，mdays＝calendar. monthrange（某年，某月），得到变量base的值为该月1日是星期几的整数，变量mdays为该年该月总天数。表示星期几的整数值含义为：0表示星期一、1表示星期二……6表示星期日。那么，在输出该月1日之前，需要留空的天数为（base＋1）％7。然后，逐天输出，若遇到第二天为星期日，则先输出一个回车符，显然此回车符输出在星期六之后，星期日之前。

参考程序代码：

```
import calendar
year=int(input())
month=int(input())
base,mdays=calendar.monthrange(year,month)
print('       '+str(year)+'年'+str(month)+'月')
```

续表

6	`print(' 日 一 二 三 四 五 六')`
7	`print("   "*((base+1)%7),end="")`
8	`for i in range(1,mdays+1):`
9	`    print('{:3d}'.format(i),end="")`
10	`    if (base+i+1)%7==0:`
11	`        print()`

说明

第 1 行：导入 calendar 库。

第 2 行：获得输入的年份，转为整数类型，存放到变量 year 中。

第 3 行：获得输入的月份，转为整数类型，存放到变量 month 中。

第 4 行：调用 calendar. monthrange(year，month)函数，此函数的返回值有两个，分别存放到变量 base 和 mdays 中。其中，变量 base 的值是一个整数，表示 month 月 1 日是星期几，变量 mdays 为 year 年 moth 月共有多少天。

第 5 行：按输出格式要求，输出“year 年 month 月”。其前导空格为 6 个。

第 6 行：输出表示星期几的表头。注意：“日”之前有 1 个空格。

第 7 行：输出 month 月 1 日之前需要输出多少个空格。显然，空格数=空天数 * 3。据分析可知，空天数为(base+1)%7。注意：此 print 语句输出后不能回车，因此其第 2 个参数为空字符串。

第 8～11 行：for 循环结构。其作用是对 year 年的 month 月的 mdays 天进行循环，每循环一次，处理一天。循环变量 i 的取值范围为[1，mdays]。

第 9 行：按占 3 字符宽靠右对齐的方式，输出该第 i 日。同理，此 print 语句输出后不能回车，因此其第 2 个参数为空字符串。

第 10～11 行：若当前日(第 i 日)的后一天为星期日，则先输出一个回车符，这样的效果是在星期六之后，星期日之前输出了一个回车符。

重要知识点：

(1) calendar 库的运用。

(2) 取余运算的灵活运用。

(3) 月历的输出格式控制。

实验 7.11　汉诺塔问题

任务描述：

汉诺塔(又称河内塔，参见百度百科)问题源于一个印度古老传说的益智玩具。大梵天创造世界的时候做了 3 根金刚石柱子，在一根柱子上，从下往上按照大小顺序摞着 64 片黄金圆盘。大梵天命令婆罗门把圆盘从下面开始按大小顺序重新摆放在另一根柱子上，不分昼夜移动圆盘。规则是在小圆盘上不能放大圆盘，一次只能移动一个圆盘。大梵天预言，当 64 片圆盘都移动到另一个柱子上时，世界就将在一声霹雳中消灭。

有趣的是，这个预言并非空穴来风，因为容易证明，n 个圆盘移动到另一根柱子上需要移动 2^n-1 次。当 n 为 64 时，$2^{64}-1=18446744073709551615$。即使每秒移动一次，也需要 5845.54 亿年以上，而地球存在至今不过 45 亿年，太阳系的预期寿命据说也只有数百亿年。

现在规定 3 根柱子编号分别为 A,B,C。初始时，有 n 片圆盘在 A 柱上，从上到下圆盘编号分别为 1,2,…,n。目标是将这 n 片圆盘按上述规则移动到 C 柱上，编写程序，在计算机上输出每步的移动过程。

以 $n=3$ 为例，图 7.7 展示了每步移动动作和 3 根柱子 A,B,C 的状态。

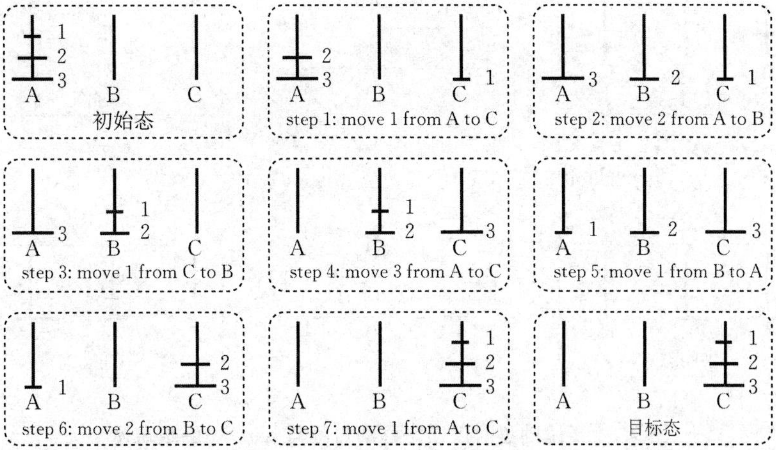

图 7.7　3 片圆盘时汉诺塔移动过程示意图

输入：

一个整数 n，$0<n<20$。

输出：

移动过程，格式如输出举例所示。

输入举例：

3

输出举例：

step 1：move disk 1 from pole A to C
step 2：move disk 2 from pole A to B
step 3：move disk 1 from pole C to B
step 4：move disk 3 from pole A to C
step 5：move disk 1 from pole B to A
step 6：move disk 2 from pole B to C
step 7：move disk 1 from pole A to C

分析：

自定义函数 hanoi(n,p1,p2,p3)的功能是：将本函数第 2 个参数所代表的柱子(p1 柱)上的从上往下数的第 n(第 1 个参数)个圆盘，借助此函数第 3 个参数所代表的柱子(p2 柱)，移动到此函数第 4 个参数所代表的柱子(p3 柱)上，输出其移动过程。从最终效果来看，可以看作将 p1 柱从上往下的编号为 1～n 的 n 个圆盘，借助 p2 柱，整体搬迁到了 p3 柱上。

我们先通过具体的例子来获得问题求解过程的分析认识。

以 n=3 为例，那么 hanoi(3,'A','B','C')表示：将 A 柱上 3 个圆盘（编号为 1、2、3）借助 B 柱，移动到 C 柱上，输出其移动过程。如图 7.8 所示，此为 n=3 时汉诺塔的初始态、目标态和中间态。为了到达目标态，我们将原问题 hanoi(3,'A','B','C')先转化为 hanoi(2,'A','C','B')。也就是说，将原问题中 A 柱上的 1 和 2 号圆盘移动到 B 柱，得到中间态 1。然后，将 A 柱最大圆盘（3 号圆盘）移动到 C 柱，得到中间态 2。那么，从中间态 2 到目标态的过程就是 hanoi(2,'B','A','C')。

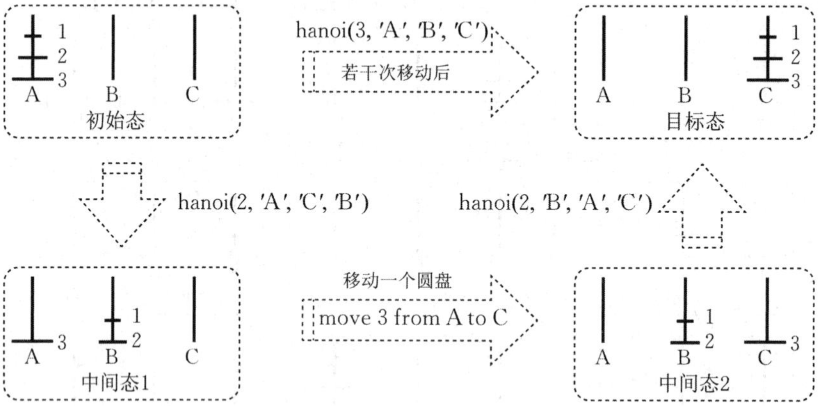

图 7.8　3 片圆盘时汉诺塔移动过程与 hanoi()函数表示

一般地，对于问题 hanoi(n,p1,p2,p3)，“递”与“归”的分析如下。

(1) “递”：原问题与子问题的转化关系如图 7.9 所示。

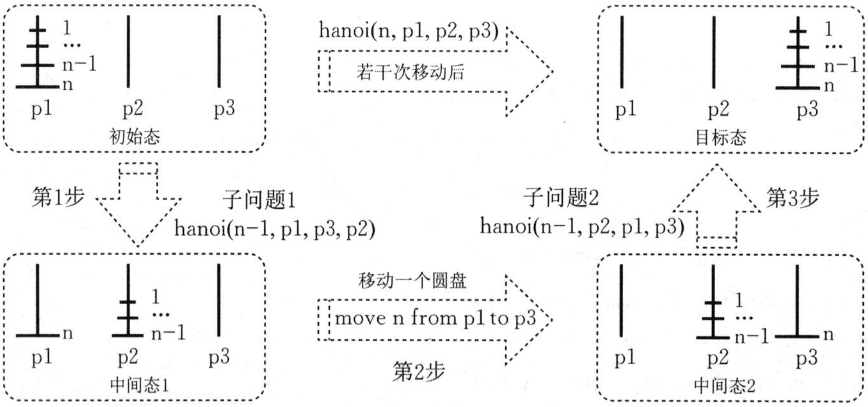

图 7.9　*n* 片圆盘时汉诺塔移动过程与 hanoi()函数表示

由图 7.9 可知，原问题 hanoi(n,p1,p2,p3)的解转化为 3 步：先求子问题 1 即 hanoi(n−1,p1,p3,p2)的解，然后将第 n 号圆盘从 p1 柱移动到 p3 柱，最后求子问题 2 即 hanoi(n−1,p2,p1,p3)的解。

(2) “归”：当 n=0 时，无须任何动作，即得解。

根据以上对递归函数的“递”和“归”的分析，汉诺塔的递归具体实现参考程序代码。

参考程序代码:

```
1   def hanoi(n,p1,p2,p3):
2       global step
3       if n==0:
4           return
5       hanoi(n-1,p1,p3,p2)
6       print("step %d: move disk %d from pole %s to %s"%(step,n,p1,p3))
7       step+=1
8       hanoi(n-1,p2,p1,p3)
9
10  step=1
11  n=int(input())
12  hanoi(n,'A','B','C')
```

说明

第1~8行:自定义hanoi(n,p1,p2,p3)函数,该函数是递归函数。其功能是将p1柱从上往下的n个圆盘,借助p2柱,整体移动到了p3柱上,输出其移动过程。

第2行:将step定义为全局变量,用来记录移动圆盘的次数。其初始值在第10行赋为1。必须定义为全局变量才能达到在递归函数hanoi()的调用过程中实现计数功能。

第3~4行:递归的终点,即判断是否满足"归"的条件。在此,如果需要移动的圆盘个数为0,那么什么都不用做,直接返回即可。

第5行:子问题1,hanoi(n－1,p1,p3,p2)函数实现的功能为:将此函数第2个参数所代表的柱子(p1柱)上的从上往下数的第n－1(第1个参数)个圆盘,借助此函数第3个参数所代表的柱子(p3柱),移动到此函数第4个参数所代表的柱子(p2柱)上,输出其移动过程。此函数执行完毕后,就到达了图7.9所示的"中间态1"。

第6行:将上一步p1柱上最底下的圆盘(其编号一定是n)移动到p3柱上。按输出格式要求输出此移动过程。

第7行:将移动步数计数器step自增1。

第8行:子问题2,hanoi(n－1,p2,p1,p3)函数实现的功能为:将此函数第2个参数所代表的柱子(p2柱)上的从上往下数的第n－1(第1个参数)个圆盘,借助此函数第3个参数所代表的柱子(p1柱),移动到此函数第4个参数所代表的柱子(p3柱)上,输出其移动过程。此函数执行完毕后,就到达了图7.9所示的"中间态2"。

重要知识点:

(1) 递归函数的设计。

(2) 理解递归函数的执行过程。

实验 7.12 分 形 树

任务描述:

分形的重要特征是局部与整体具有相似性。分形图形具有令人惊叹的美感。例如,分形树可看作一根枝条开两个分叉,任何一个枝丫(部分)都与整个树(整体)具有相似性。

根据用户输入的控制分形树形状的参数,编写程序,在计算机上绘制出分形树。

输入:

第 1 行为 3 个正整数,空格分隔,分别表示初始时的树干长度 length、两个分叉张角 angle,树的级数 level。分叉张角 angle 的单位为度(°)。

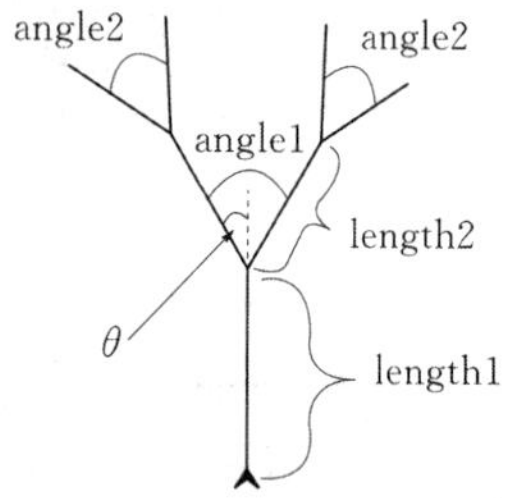

图 7.10 分形树中各参数的含义

第 2 行为 3 个正小数,空格分隔,分别表示前后级树干长度缩放系数 lenScale、前后级分叉张角缩放系数 angScale、左分支偏度比 bias。若 lenScale 的值小于 1,则表示逐级缩小;等于 1,则表示不变;大于 1,则表示逐级放大。左分支偏度比是指左分支与上级主干夹角占该分支张角的比例。bias 的值总是小于 1。

各个参数的含义如图 7.10 所示:length1 为第 1 级的树干长度,length2 为第 2 级的树干长度,length2 = length1 * lenScale;angle1 为第 1 级的分叉张角,angle2 为第 2 级的分叉张角,angle2 = angle1 * angScale;此树的级数 level 为 3;θ 为左分支与上一级主干的夹角,那么 θ = angle1 * bias。相应地,右分支与上一级主干的夹角为 angle1 * (1 − bias)。

输出:

用以上参数,绘制分形树。

输入举例 1:

100 60 8

0.8 0.9 0.5

输入举例 2:

150 95 8

0.80 0.75 0.35

输出举例 1:

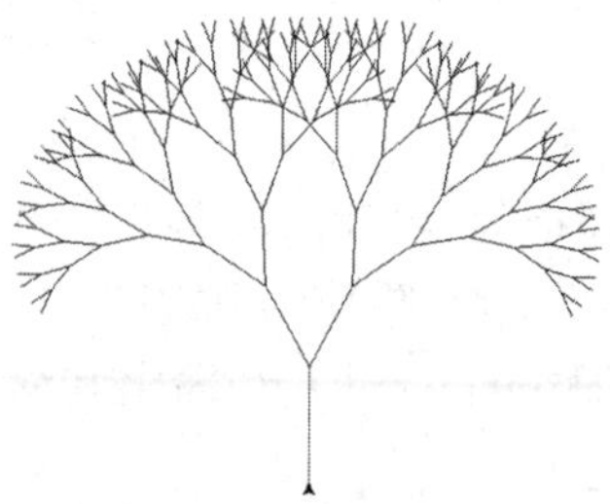

输出举例 2:

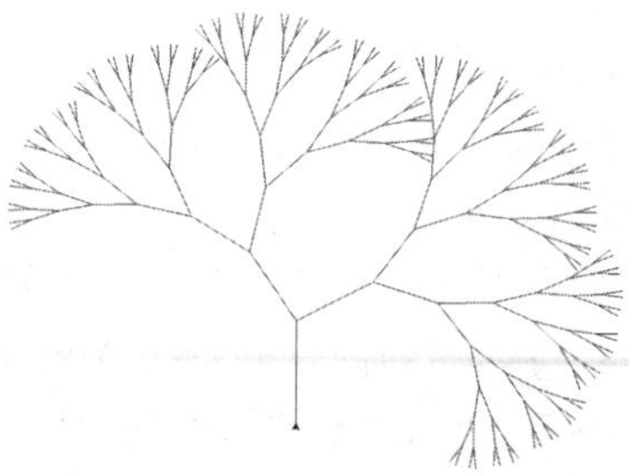

分析:

分析此树的结构不难发现,绘制过程可用递归实现。

初始时,画笔起点为坐标原点(在画布的中心),画笔方向为水平向右。为了让图形靠窗口中间些,将出发点移动到(0, −length)处,以此为分形树的出发点,画笔方向向左转 90°。初始化工作完毕。

接下来，正式进入绘制分形树的环节，其过程如下：首先，画笔沿当前方向，画出长度为length的树干；然后以上级主干末端为基准点，画笔方向向左偏转angle * bias度画其子树，画完整个左子树后，画笔又回到基准点，然后，向右转angle度后画其子树，画完整个右子树后，画笔又回到基准点；最后，画笔方向向左偏转angle *（1－bias）度，后退length长度，画笔回到出发点。此为递归函数的“递”。

需要注意的是：以上绘制子树后，画笔沿原路回退到了本级出发点。

每当递归深入一级，则级数level－1。当某一级的level等于0时，意味着到达了递归终点。此为递归函数的“归”。

参考程序代码：

```
def drawTree(length,angle,level):
    global lenScale,angScale,bias
    if level==0:
        return
    tt.forward(length)
    tt.left(angle * bias)
    drawTree(length * lenScale,angle * angScale,level-1)
    tt.right(angle)
    drawTree(length * lenScale,angle * angScale,level-1)
    tt.left(angle * (1-bias))
    tt.backward(length)
import turtle as tt
length,angle,level=[int(e) for e in input().split()]
lenScale,angScale,bias=[float(e) for e in input().split()]
tt.speed(3)
tt.left(90)
tt.goto(0,-length)
drawTree(length,angle,level)        #  (length=100,angle=120,level=9)
tt.done()
```

说明

第 1～13 行：自定义函数 drawTree(length，angle，level)。该函数的功能是以 length，angle，level，lenScale，angScale，bias 作为绘图参数绘制分形树。

第 2 行：因为长度缩放系数 lenScale、分叉张角缩放系数 angScale、左分支偏度比 bias 这 3 个绘图参数的值始终保持不变，所以就没有必要作为 drawTree()函数的形式参数。因此，在 drawTree()函数内，将此 3 个变量声明为全局变量。其初始值在 drawTree()函数之外赋值，参见第 17 行语句。

第 3～4 行：判断是否到达递归终点。level 为 0，表示到达了终点，此时无需进行其他操作，直接返回即可。level 为 1，表示叶子级，即最末级。level 为初始调用的实参值时，表示主树干层。

第 5 行：画笔以当前方向，绘制长度为 length 的直线，此为本级的树干。当前点为本级树干的终点，以此为本级基准点。需要注意的是：树干和分支是相对的，本级树干是前级分支，本级分支是下级树干。

第 6 行：画笔方向向左偏转 angle * bias 度，为下面画左子树做好方向上的准备。

第 7 行：调用函数 drawTree(length * lenScale，angle * angScale，level－1)。此函数执行完毕，意味着左子树就绘制完毕了。注意：此调用为递归调用，各个参数相对本函数 drawTree(length，angle，leve)均有所变化。变化规律为：length 变为 length * lenScale，angle 变为 angle * angScale，level 变为 level－1。这个变换正是前、后两级子树参数的变化规律。

第 9 行：执行本行语句前，左子树绘制完毕，画笔回到了基准点。执行本行语句，将画笔方向向右偏转 angle 度，为画右子树做好方向上的准备。显然，右子树和左子树的夹角为 angle 度。

第 10 行：执行与第 7 行完全相同的函数调用。应该注意的是：此时画笔的方向相对主干是偏向右侧的，即调用此函数将绘制右子树。右子树与左子树形状完全相同，唯一不同的是画笔方向。

第 12 行：执行本行语句前，右子树已经绘制完毕，且画笔又回到了基准点。执行本行语句，画笔方向向左偏转 angle * (1－bias)度，此时意味着画笔方向转回到主干所在方向。

第 13 行：沿着主干方向，回退 length 长度，这意味着画笔回到了绘制本级树干的出发点。drawTree()函数执行到第 13 行后，自然返回。

第 15 行：导入绘图所需的 turtle 库，并重命名为 tt。

第 16 行：将输入的以空格分隔的表示长度、分叉张角、级数的数据转换为整数后分别存放到变量 length，angle，level 中。这 3 个值将在第 21 行调用 drawTree()函数时作为实参传递过去。

第 17 行：将输入的以空格分隔的表示长度缩放系数、分叉张角缩放系数、左分支偏度比的数据转换为浮点数后分别存放到变量 lenScale，angScale，bias 中。这 3 个值因为在 drawTree()函数调用过程一直不变，所以当作全局变量，而不作为调用 drawTree()函数的参数。

第 18 行：设置 turtle 绘图的速度。速度取值范围为 1～10，10 表示最快速度，1 表示最慢速度。速度慢一点，能方便用户更清楚地看到绘图的每一个步骤。此处设为 3。

第 19 行：将画笔的方向由初始的水平向右左转 90°后，变为垂直向上，为绘制分形树主树干做好方向上的准备。

第20行：执行本语句的作用是将分形树的起点往正下方移动 length 长度。如果需移动长度超过了 length，那么应该先将画笔提起来，移动到树根点后，再将画笔放下；否则，将露出一条从原点到树根点的连线。

第21行：以参数 length，angle，level 调用 drawTree()函数，绘制分形树。

第22行：调用 tt.done()，使绘制完毕后，图形窗口能一直保留，直到用户关闭。如果没有此语句，那么绘制完毕后，图形窗口将自动关闭。

补充说明

(1) 如果出现绘制的图形太大，看不到完整图形时，可在第20行之前增加如下语句：

tt.screensize(w,h)

其中的 w 和 h 分别为绘图窗口的宽度和高度，单位为像素。w，h 的值应大于图形实际输出的宽和高。此时窗口将出现水平/垂直滚动条，方便查看输出的大图形。例如语句 tt.screensize(2000,1500)，其设置窗口尺寸为2000像素(宽)×1500像素(高)。

(2) 如果要加粗画笔或设置颜色，例如，画笔大小为5，画笔颜色为绿色，可在第20行前增加如下语句：

tt.pensize(5)

tt.pencolor('green')

当然，也可以将颜色和画笔粗细随每个分支变化而变化，做出效果特别的分形树。

(3) 对于以上编程任务，读者可多尝试不同的参数组合，观察所产生的效果。

重要知识点：

(1) 分形树的几何分析。

(2) 分形树的递归函数设计。

(3) 理解分形树各个参数的含义。

(4) 仔细观察并理解分形树的绘制过程。

思考题：

(1) 将二叉分支改为三叉或四叉分支，如何绘制如图7.11所示的分形树？

(2) 如果将上述参数引入一定的随机性，输出效果会如何呢？

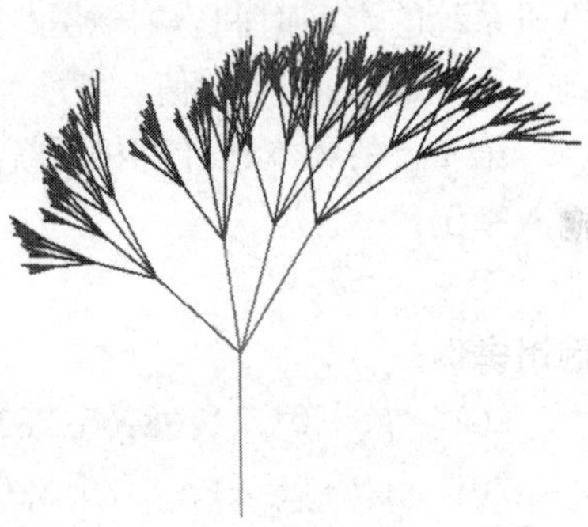

图7.11　四叉分支树

实验7.13　标准时间

任务描述：

有一句笑话：如果两人以上戴了手表，就不知道当前是什么时间了。因为每人的手表时间都不一样。

统一的、标准的时间在现实生活中有诸多应用场景，例如基于多地时间同步的战场实时指挥、全国/全球气候实时数据分析等。

在很多软件中，我们需要知道当前时间，一般可通过获取系统的当前时间得到，但计算机系统当前时间有可能不够准确。

中国科学院国家授时中心(以下简称“国家授时中心”)承担着我国的标准时间(北京时间)的产生、保持和发播任务,其授时系统是国家不可缺少的基础性工程和社会公益设施。为了更好地满足用户的需求,提高网络授时服务质量,国家授时中心搭建了一套新的网络授时服务系统,网络授时服务器的域名为“ntp.ntsc.ac.cn”。该服务器遵循 RFC-1305 Network Time Protocol (Version 3),是一种用来在因特网上使不同的机器维持相同时间的通信协定。网络时间协议(Network Time Protocol,NTP)估算数据包在网络上往返的延迟时间,独立地估算计算机时钟偏差,从而实现在网络上的高精准度计算机校时。这种方法比直接获取提供网络时间的 www 网站当前时间要准确。常用的还有其他准确性和稳定性都较好的网络授时服务器,其域名为“ntp.api.bz”。这些授时服务器的时间误差能控制在毫秒以内。

因为该服务器并非提供可供浏览网页的 www 服务器,所以你在浏览器地址栏中输入以上网络服务器域名,会发现页面无法显示。只有按 NTP 网络时间协议访问服务器并解析返回的结果,才能得到准确的时间。

编写程序,获取域名为“ntp.api.bz”“ntp.ntsc.ac.cn”以及计算机系统的当前时间。

输入:

无

输出:

4 行,依次输出当前时间。

前 3 行分别输出 NTP 服务器“ntp.api.bz”“ntp.ntsc.ac.cn”获取的当前时间以及本地计算机系统的当前时间,输出格式为“年-月-日 时:分:秒”,其中秒数保留 6 位小数,年、月、日、时、分、秒为相应数值。

第 4 行的为本地计算机系统的当前时间,输出格式为“某年某月某日某时某分某秒”。

输入举例:

无

输出举例:

2019-09-08 11:08:05.281256

2019-09-08 11:08:05.320667

2019-09-08 11:08:05.032533

2019 年 09 月 08 日 11 时 08 分 05 秒

分析:

可以利用 ntplib 库实现从 NTP 服务器获取当前时间。如果 ntplib 库没有安装,那么应先安装。

本地计算机系统的当前时间可以通过调用 datetime.datetime.now()的方法获得。

参考程序代码:

```
import ntplib,datetime
ntpClient=ntplib.NTPClient()
ntpServers=('ntp.api.bz','ntp.ntsc.ac.cn')
for aServer in ntpServers:
```

续表

5	response=ntpClient.request(aServer)
6	print(datetime.datetime.fromtimestamp(response.tx_time))
7	nowTime=datetime.datetime.now()
8	print(nowTime)
9	strTime=nowTime.strftime('%Y{year}%m{month}%d{day}%H{hour}%M{min}%S{sec}')
10	chnTime= strTime.format(year='年',month='月',day='日', hour='时',min='分',sec='秒')
11	print(chnTime)

说明

第1行:导入 ntplib 库和 datetime 库。

第2行:调用 ntplib. NTPClient(),获得客户机对象 ntpClient。

第3行:定义存放了两个 NTP 服务器主机地址(也称为主机域名或网址)的元组 ntpServers。

第4～6行:for 循环结构。共循环两次,每循环一次获得一个 NTP 服务器的当前时间。

第5行:调用 ntpClient. request(aServer),向变量 aServer 所表示的 NTP 服务器发起请求,返回值为该服务器对请求的响应,其中带有当前时间信息。

第6行:response. tx_time 为从 NTP 服务器获得的当前时间信息,其值为从1970年元月1日零时零分零秒到当前时间的秒数,保留7位小数。再通过调用 datetime. datetime. fromtimestamp(response. tx_time)将此时间转换为本地时间,格式为"年-月-日 时:分:秒",其中秒数保留6位小数。

第7行:调用 datetime. datetime. now(),得到系统当前时间 nowTime。

第8行:调用 print(nowTime)函数输出系统当前时间,输出格式为"年-月-日 时:分:秒",其中秒数保留6位小数。

第9～11行:按"某年某月某日某时某分某秒"的格式输出当前时间。注意:此结果最直接的写法如下:

print(nowTime. strftime("%Y年%m月%d日%H时%M分%S秒"))

但是,该写法在某些 Python 运行环境下能得到正确结果,而在某些 Python 运行环境下可能会导致错误,错误信息如下:

UnicodeEncodeError:'locale' codec can't encode character '\u5e74' in position 2: encoding error

原因是调用 strftime()函数的格式化字符串中含有中文字符造成的。

解决办法有多个。在此采用的方法是:先调用 nowTime. strftime('%Y{year}%m{month}%d{day}%H{hour}%M{min}%S{sec}'),结果存放到变量 strTime 中,得到形如'2019{year}09{month}08{day}11{hour}08{min}05{sec}'的字符串,再调用 strTime. format(year='年',month='月',day='日',hour='时',min='分',scc='秒'),以传

递关键字参数的方式调用 format()函数，将字符串 strTime 中的{year}，{month}，{day}，{hour}，{min}，{sec}分别替换成常量字符串'年'、'月'、'日'、'时'、'分'、'秒'，从而得到我们想要的形如"2019 年 09 月 08 日 11 时 08 分 05 秒"的输出结果。

重要知识点：

（1）利用 ntplib 库从 NTP 服务器获取当前时间。

（2）利用 datetime 库获取本地计算机当前时间。

（3）将时间按指定格式输出。

本章程序代码

第 8 章　复杂问题求解与代码组织

实验 8.1　两个分式的运算

任务描述：

分式由分子和分母构成，分式有多种运算，其基本运算有两个分式的加减乘除运算和比较大小的运算。

对给定的两个分式分别进行加、减、乘、除运算以及大于、等于、小于比较运算，编程实现。

输入：

第 1 行有一个正整数 n，表示测试用例的个数。其后的 n 行，每行一个测试用例，每个测试用例包含两个用空格分隔的分式。分子分母均为整数。特殊地，输入的分式可以是一个整数。

输入已确保第 2 个分式值不为 0。

输出：

每个测试用例输出一行，分别输出加、减、乘、除的运算结果以及大于、等于、小于的比较结果。其中加、减、乘、除的运算结果若为整数，则输出整数；否则，输出“分子/分母”的形式，分子分母的最大公约数为 1 且分母必须为正整数。大于、等于、小于的比较结果用 True 或 False 输出。同行输出数据之间用空格分隔。

输入举例：	输出举例：
8	（此空行不应输出，在此仅为对齐看结果）
1/2 3/4	5/4 −1/4 3/8 2/3 False False True
5/6 78/9	19/2 −47/6 65/9 5/52 False False True
−1/−2 3/−4	−1/4 5/4 −3/8 −2/3 True False False
5/−6 78/−9	−19/2 47/6 65/9 5/52 True False False
12/34 12/34	12/17 0 36/289 1 False True False
2/4 3	7/2 −5/2 3/2 1/6 False False True
4 5/6	29/6 19/6 10/3 24/5 True False False
78 90	168 −12 7020 13/15 False False True

分析：

考虑到是分式的运算，我们可将分式设计为一个类，它具有分子和分母两个属性，分子、分母数据类型均为整数类型，并且为满足本编程任务的要求设计一系列成员函数。

根据本编程任务的要求，分式类“FenShi”设计成员函数，如表 8.1 所示。

表 8.1　FenShi 类的成员函数

序号	函数名	功能描述	说明
1	__init__(self,p1,p2)	初始化分式对象。允许以多种方式初始化,并且其初始化过程中将分母变为正整数,分子分母进行了约分	FenShi("4/6")表示 2/3 FenShi("12")表示 12/1 FenShi(5,7)表示 5/7 FenShi("−4/−6")表示 2/3 FenShi(5,−7)表示−5/7
2	__str__(self)	将分式对象转换为字符串。若分式分母为 1,则本函数返回值为分子字符串;否则,为形如"分子/分母"的字符串	分子为 0、分母为 1 的分式对象调用本函数的结果为"0" 分子为 2、分母为 3 的分式对象调用本函数的结果为"2/3"
3	__add__(self,other)	两个分式对象相加,返回表示其和的新分式对象。参数 self 表示对象本身,other 表示另一个对象	按照分式加法得到结果分式对象
4	__sub__(self,other)	两个分式对象相减,返回表示其差的新分式对象	按照分式减法得到结果分式对象
5	__mul__(self,other)	两个分式对象相乘,返回表示其积的新分式对象	按照分式乘法得到结果分式对象
6	__truediv__(self,other)	两个分式对象相除,返回表示其商的新分式对象	按照分式除法得到结果分式对象
7	__gt__(self,other)	比较 self 表示的分式对象本身是否大于 other 表示的另一个分式对象,是则返回 True,否则返回 False	通分后,比较分子大小即可 gt 的含义为 greater than
8	__eq__(self,other)	比较 self 表示的分式对象本身是否等于 other 表示的另一个分式对象,是则返回 True,否则返回 False	通分后,比较分子大小即可 eq 的含义为 equal
9	__lt__(self,other)	比较 self 表示的分式对象本身是否小于 other 表示的另一个分式对象,是则返回 True,否则返回 False	通分后,比较分子大小即可 lt 的含义为 less than

以上函数有两个共同特点:①函数名均以双下画线开头和结尾;②以上函数的调用均按隐式的方式被调用。详见如下代码和说明。

参考程序代码(部分 1):

```
class FenShi:
    def __init__(self,p1,p2=1):
        if isinstance(p1,str):
            if p1.find("/")==-1:   fz,fm=int(p1),1
```

续表

```
5              else:    fz,fm=[int(e) for e in p1.split("/")]
6          else:
7              fz,fm=p1,p2
8          if fm<0:  fz,fm=-fz,-fm
9          k=math.gcd(fz,fm)
10         self.fz=fz//k
11         self.fm=fm//k
12
13     def __str__(self):
14         if self.fm==1:  return str(self.fz)
15         return str(self.fz)+"/"+str(self.fm)
16
```

说明

第 1～44 行：分式类 FenShi 的定义。

第 2～11 行：定义 FenShi 类的构造函数__init__()，此函数是创建 FenShi 类对象的初始化函数，其中第 3 个参数 p2 设有默认值 1。该函数接受 3 种形式的初始化：

(1) 接受两个参数，形如 FenShi(3,4)，其中 3 表示分子，4 表示分母，分子分母均为整数。

(2) 接受形如"3/4"的字符串参数。

(3) 接受形如"12"的字符串参数。

该函数在第 50 行被隐式调用，并且还在 FenShi 类的内部被其他成员函数隐式调用，参见第 20、第 25、第 30、第 35 行。

第 3～7 行：利用 Python 的内置函数 isinstance(p1,str)来判断参数 p1 是否为字符串类型。

第 4～5 行：如果变量 p1 为字符串类型，进一步判断字符串 p1 中是否包含分式符号"/"。如果 p1.find("/")的返回值为−1，表示在 p1 中找不到分式符号"/"，此时意味着该字符串中就是一个整数，那么对应分式的分子为 int(p1)，分母为 1；否则，将该字符串按分式符号"/"拆开，前者为分子，后者为分母，并分别转换为整数存放到变量 fz,fm 中。

第 6～7 行：如果变量 p1 不是字符串类型，那么意味着本函数传递的两个参数均为整数类型，分别表示分子、分母。因此，将 p1,p2 分别赋值给 fz,fm 即可。

第 8 行：如果分母小于 0，那么将分子分母都反号，保持分式值不变，分母变为正整数。这是本编程任务对输出分式的格式要求，在此提前统一规范化。

第 9 行：调用 math.gcd(fz,fm)函数，得到分子分母的最大公约数。

第 10～11 行：将约分后的分子和分母分别存放到类的实例属性 self.fz,self.fm 中。

第 13～15 行：定义了将分式对象转换为字符串的函数__str__()。定义了该函数后，则可以用 str(某 FenShi 对象)将分式对象转换为字符串,用 print(字符串)的方式直接输出分式对象。该函数__str__()将被隐式调用,参见本程序代码第 51 行。

第 14～15 行:根据分母是否为 1,分情况处理。若是,则本函数返回值为分子字符串;否则,为形如"分子/分母"的字符串。

参考程序代码(部分 2):

```
17      def __add__(self,other):
18          fz=self.fz * other.fm+other.fz * self.fm
19          fm=self.fm * other.fm
20          return FenShi(fz,fm)
21
22      def __sub__(self,other):
23          fz=self.fz * other.fm-other.fz * self.fm
24          fm=self.fm * other.fm
25          return FenShi(fz,fm)
26
27      def __mul__(self,other):
28          fz=self.fz * other.fz
29          fm=self.fm * other.fm
30          return FenShi(fz,fm)
31
32      def __truediv__(self,other):
33          fz=self.fz * other.fm
34          fm=self.fm * other.fz
35          return FenShi(fz,fm)
36
```

说明

第 17～20 行:定义两个分式的加法运算函数。该函数__add__()在第 51 行的表达式 fs1+fs2中被隐式调用,该表达式的结果就是该函数的返回值(一个表示分式和的新 FenShi 对象)。其中,fs1 对象就是该函数参数 self 所指的对象,fs2 对象就是该函数参数 other 所指对象。

第 18～19 行:按分式计算的规则,将 self 表示的分式和 other 表示的分式求和,将结果分式的分子分母分别存放到变量 fz,fm 中。

第 20 行:表达式 FenShi(fz,fm)将 fz,fm 作为参数生成一个新的 FenShi 对象。在此将隐式调用 FenShi 类的构造函数__init__()，通过 return 语句将此新构建的 FenShi 对象作为函数的返回值返回。

其后实现的分式减法、乘法、除法运算的函数与加法运算函数类似。

第 22～25 行：定义两个分式的减法运算函数。该函数__sub__()在第 51 行的表达式 fs1－fs2 中被隐式调用，该表达式的结果就是该函数的返回值。

第 27～30 行：定义两个分式的乘法运算函数。该函数__mul__()在第 51 行的表达式 fs1 * fs2 中被隐式调用，该表达式的结果就是该函数的返回值。

第 32～35 行：定义两个分式的除法运算函数。该函数__truediv__()在第 51 行的表达式 fs1/fs2 中被隐式调用，该表达式的结果就是该函数的返回值。注意：该函数名在 Python 3 及以后的版本中为__truediv__，不是__div__。

参考程序代码(部分 3)：

```
37      def __gt__(self,other):
38          return self.fz * other.fm>self.fm * other.fz
39
40      def __eq__(self,other):
41          return self.fz==other.fz and self.fm==other.fm
42
43      def __lt__(self,other):
44          return self.fz * other.fm<self.fm * other.fz
```

〈说明〉

第 37～44 行：分别定义了比较 self 表示的分式对象是否大于、等于、小于 other 表示的分式对象的函数。具体实现只需要比较通分后的分子，返回结果为布尔型，结果为真，则返回值为 True；否则，为 False。这些函数在第 51 行分别以表达式 fs1＞fs2，fs1＝＝fs2，fs1＜fs2 的形式被隐式调用。

在上述表示加、减、乘、除、大于、等于、小于运算的成员函数中，必须明确：这些函数的 self 参数指向的是运算符前的那个参数，为 fs1；other 参数指向的是运算符后的那个参数，为 fs2。这在实现减法、除法、大于、小于等不满足交换律的运算时是有意义的，在函数中实现这些运算的功能时，参与运算的两个对象的先后顺序不能出错，否则结果会错误。

参考程序代码(部分 4)：

```
45
46  import math
47  n=int(input())
48  for i in range(n):
49      s1,s2=input().split()
50      fs1,fs2=FenShi(s1),FenShi(s2)
51      print(fs1+fs2,fs1-fs2,fs1 * fs2,fs1/fs2,fs1>fs2,fs1==fs2,fs1<fs2)
```

说明

第 46～51 行：此部分是本程序的入口。

第 47 行：获得输入的测试用例个数 n。

第 48～51 行：for 循环结构。共循环 n 次，每循环一次处理一个测试用例。

第 49 行：获得输入的两个分式。注意：两个分式均有可能是整数(不包含分式符号)。

第 50 行：隐式调用 FenShi 类的构造函数，创建两个新 FenShi 对象 fs1，fs2。对象 fs1 中存放了 s1 所表示的分式，对象 fs2 中存放了 s2 所表示的分式。

第 51 行：隐式调用 FenShi 类的运算函数，该函数实现两个分式的加法、减法、乘法、除法、大于、等于、小于的运算。需要注意的是：表达式 fs1＋fs2 的结果就是隐式调用 FenShi 类的成员函数__add__(fs1，fs2)的返回值，此返回值为一个新 FenShi 对象，在此通过 print(新 FenShi 对象)隐式调用了__str__(新 FenShi 对象)函数，该函数返回该新对象对应的字符串，最后通过语句 print(此字符串)得到 fs1＋fs2 的输出结果。其他表达式 fs1－fs2，fs1 * fs2，fs1/fs2 是类似的。输出表达式 fs1＞fs2 的过程是：首先，隐式调用 FenShi 类的__gt__(fs1，fs2)函数，该函数返回值为布尔型值 True 或 False；然后，通过语句 print(返回的布尔型值)得到输出结果"True"或"False"。

重要知识点：

(1) 分式类的成员函数设计：构造函数的设计、支持加减乘除等运算的函数设计、支持比较运算的函数设计、字符串函数设计。

(2) 分式类的应用。

(3) 理解类在复杂问题求解和代码组织中的优势。

实验 8.2 扑 克 牌

任务描述：

几人用一副扑克牌玩游戏，游戏过程通常有洗牌、发牌、理牌 3 个基本动作。编写程序模拟这 3 个动作。

初始时，牌的顺序规定为：先按花色黑桃、红心、梅花、方块排列，同一花色中再按牌面字 2，3，4，5，6，7，8，9，T，J，Q，K，A 的顺序排列，最后是小王、大王。

为了方便输出，10 用 T 表示，大、小王分别用 dW，xW 表示。其他牌用花色字符加牌面字表示。

输入：

一个正整数，表示参与游戏的人数。人数能被 54 整除，通常为 3，6，9。

显然，因为洗牌是随机的，所以多次运行本程序，即使输入的参数相同，但游戏者拿到的牌是随机变化的。

输出：

参考输出举例的格式。

首先，输出洗牌前整副牌的初始顺序，输出一行。接着，输出洗牌后的整副牌，输出一行。然后，输出每个游戏者按上述洗牌后的顺序依次拿到的牌，每个游戏者输出一行。最后，输出每个游戏者的按顺序排列后的牌，此顺序以初始时规定的顺序为准，每个游戏者输出一行。

以上输出的每张牌之间都用空格分隔。每行末尾没有空格。

输入举例：

3

输出举例：

洗牌前：

♠2 ♠3 ♠4 ♠5 ♠6 ♠7 ♠8 ♠9 ♠T ♠J ♠Q ♠K ♠A ♥2 ♥3 ♥4 ♥5 ♥6 ♥7 ♥8 ♥9 ♥T ♥J ♥Q ♥K ♥A ♣2 ♣3 ♣4 ♣5 ♣6 ♣7 ♣8 ♣9 ♣T ♣J ♣Q ♣K ♣A ♦2 ♦3 ♦4 ♦5 ♦6 ♦7 ♦8 ♦9 ♦T ♦J ♦Q ♦K ♦A xW dW

洗牌后：

♥3 ♥8 dW ♦6 ♦7 ♠6 ♣6 xW ♣Q ♠9 ♥4 ♠A ♥K ♦4 ♠K ♥9 ♣5 ♠J ♠8 ♦A ♣9 ♦3 ♦9 ♥6 ♠4 ♥2 ♦5 ♣8 ♣T ♠5 ♦Q ♦J ♣7 ♠2 ♣3 ♥A ♣4 ♦8 ♣A ♥T ♠7 ♥Q ♣J ♣2 ♦2 ♦T ♠Q ♣K ♦K ♠T ♥5 ♥7 ♥J ♠3

发牌后：

♥3 ♦6 ♣6 ♠9 ♥K ♥9 ♠8 ♦3 ♠4 ♣8 ♦Q ♠2 ♣4 ♥T ♣J ♦T ♦K ♥7

♥8 ♦7 xW ♥4 ♦4 ♣5 ♦A ♦9 ♥2 ♣T ♦J ♣3 ♦8 ♠7 ♣2 ♠Q ♠T ♥J

dW ♠6 ♣Q ♠A ♠K ♠J ♣9 ♥6 ♦5 ♠5 ♣7 ♥A ♣A ♥Q ♦2 ♣K ♥5 ♠3

理牌后：

♠2 ♠4 ♠8 ♠9 ♥3 ♥7 ♥9 ♥T ♥K ♣4 ♣6 ♣8 ♣J ♦3 ♦6 ♦T ♦Q ♦K

♠7 ♠T ♠Q ♥2 ♥4 ♥8 ♥J ♣2 ♣3 ♣5 ♣T ♦4 ♦7 ♦8 ♦9 ♦J ♦A xW

♠3 ♠5 ♠6 ♠J ♠K ♠A ♥5 ♥6 ♥Q ♥A ♣7 ♣9 ♣Q ♣K ♣A ♦2 ♦5 dW

提示：

关于如何输入字符“♠♥♣♦”的问题。在搜狗输入法信息条上单击“软键盘”按钮，在弹出的窗口中选择“特殊符号”，如图 8.1 所示，将弹出“符号大全”窗口，如图 8.2 所示。图 8.2 中椭圆所圈出的 4 个字符就是编程任务所要求的字符，单击即可输入。

图 8.1　搜狗输入法信息条

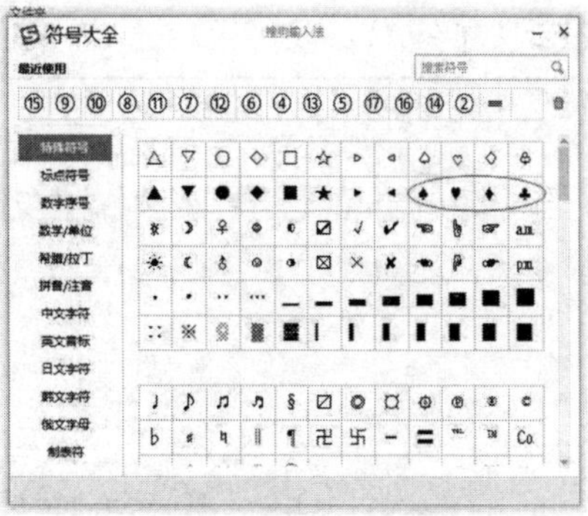

图 8.2　“符号大全”窗口

分析：

此任务适合利用面向对象的程序设计思想来完成。

可以将扑克牌设计成一个类，其对象为一张具体的扑克牌。每张扑克牌具有花色、牌面字以及为了排序而给定的顺序号，这可用相应的属性来存储。对一张扑克的操作有初始化和转换为可供输出的字符串，可设计相应的函数实现。

针对有若干游戏者的整副扑克牌也可设计一个类，它需要存储整副扑克牌的信息和属于每个游戏者的扑克牌。相应的操作就比较多了，如整副扑克牌的初始化、转换为可供输出的字符串、洗牌操作、发牌操作、理牌操作以及输出每个游戏者的牌。

参考程序代码(部分 1)：

```
1  class PokerFace:
2      def __init__(self,color,face,seq=0):
3          self.color,self.face,self.seq=color,face,seq
4
5      def __str__(self):
6          return self.color+self.face
7
```

说明

第 1～6 行：定义表示单张扑克牌的类 PokerFace。该类有属性 self. color，self. face，self. seq 分别表示扑克牌的花色、牌面字、顺序号，其中 color 和 face 为字符串类型，seq 为整数类型。此顺序号用来对扑克牌进行排序。

第 2～3 行：定义 PokerFace 类的构造函数，该函数用来创建新的 PokerFace 对象。初始化的参数有 3 个，但是第 3 个参数 seq 设有缺省值 0。self. seq 属性值将在下一个 PokerSuit 类的对象初始化时赋值。此函数在第 13、第 14、第 15 行处分别以表达式 PokerFace(c,f)，PokerFace('x','W')，PokerFace('d','W')的形式被隐式调用。

第 5～6 行：定义将 PokerFace 对象转换为可供输出的字符串的函数__str__()。因为输出每张扑克牌时只需要输出其花色和牌面字，所以该函数返回 self. color＋self. face。此函数在第 22、第 38 行处以表达式 str(e)的形式被隐式调用。

参考程序代码(部分 2)：

```
8   class PokerSuit:
9       colors=('♠','♥','♣','♦')
10      faces=('2','3','4','5','6','7','8','9','T','J','Q','K','A')
11
12      def __init__(self):
13          self.allPFs=[PokerFace(c,f) for c in self.colors for f in self.faces]
14          self.allPFs.append(PokerFace('x','W'))
15          self.allPFs.append(PokerFace('d','W'))
16          seq=0
17          for poker in self.allPFs:
```

续表

```
18            seq+=1
19            poker.seq=seq
20
21     def __str__(self):
22         return " ".join([str(e) for e in self.allPFs])
23
```

说明

第 8~38 行：定义有若干游戏者的整副扑克牌。

第 9~10 行：定义两个表示花色和牌面字的类属性 colors，faces。这两个属性是具有常量性质的元组。花色和牌面字的顺序就是按初始时牌的顺序来排列的。

第 12~19 行：定义 PokerSuit 类的构造函数。该构造函数不需要额外传递参数。它对整副牌(54 张牌)的花色、牌面字以及顺序号进行了初始化，结果存放在列表 allPFs 中，该列表的每个元素为 PokerFace 类的对象。此函数在第 41 行处以表达式 PokerSuit()的形式被隐式调用。

第 13 行：利用列表解析式对所有花色与所有牌面字(除大、小王外)进行了组合，生成了有 52 张牌的列表 self. allPFs。该语句等价于：

```
self.allPFs=[]
for c in self.colors:
    for f in self.faces:
        self.allPFs.append(PokerFace(c,f))
```

第 14~15 行：将小王和大王这两张王牌添加到列表 self. allPFs。

第 16 行：将顺序号 seq 赋初始值 0。

第 17~19 行：for 循环结构。逐个读取 self. allPFs 中每个元素。每个元素为 PokerFace 类的对象，对应着一张扑克牌，然后将从 1 开始计数的顺序号赋值给该元素的 seq 属性。

第 21~22 行：将 PokerSuit 类的对象转换为可供输出的字符串。按格式要求，输出整副扑克的每张牌，用空格分隔。利用" ". join(列表)的方式，将列表元素拼接起来并用空格分隔。在第 41、第 42 行处以表达式 print(aSuit)的形式隐式调用__str__()函数。对于第 22 行也可利用列表解析式写成以下等价代码：

```
aList=[]
for e in self.allPFs:
    aList.append(str(e))
return " ".join(aList)
```

参考程序代码(部分 3):

```
24     def shuffle(self):
25         random.shuffle(self.allPFs)
26
27     def dealPlayers(self,n):
28         self.playerPFs=[]
29         for i in range(n):
30             self.playerPFs.append(self.allPFs[i::n])
31
32     def arrangePlayersPF(self):
33         for aPlayer in self.playerPFs:
34             aPlayer.sort(key=lambda e:e.seq)
35
36     def showPlayersPF(self):
37         for aPlayer in self.playerPFs:
38             print(" ".join([str(e) for e in aPlayer]))
39
```

说明

第 24～25 行:定义洗牌函数,该函数针对列表 self. allPFs 进行元素顺序原地打乱操作。self. allPFs 列表的每个元素为 PokerFace 类的对象,即每个元素对应着一张牌,所以调用 random. shuffle()函数后,就起到了洗牌的效果。该函数在第 42 行被调用。

第 27～30 行:定义发牌函数,该函数接受一个表示游戏人数的参数 n。函数操作的结果存放在列表 self. playerPFs 中,该列表是二维列表,self. playerPFs[i]表示第 i 个游戏者拿到的牌,其值是一维列表,一维列表中的每个元素为一个 PokerFace 类的对象。该函数在第 43 行被调用。第 28～30 行的代码可用语句 self. playerPFs=[self. allPFs[i::n] for i in range(n)]等价替换。

第 28 行:初始化 self. palyerPFs 为空列表。

第 29～30 行:for 循环结构,共循环 n 次,每循环一次得到一个游戏者拿到的牌。在此应该特别留意:表达式 self. allPFs[i::n]是一个列表切片表达式。整个循环过程中,n 的值不变,i 的取值为 0,1,2,…,n−1。这样,分别得到列表 self. allPFs 中从下标 0 开始每 n 个元素挑出 1 个元素来构成的新列表,这些新列表分别是每个游戏者从整副牌中拿到的属于自己的牌。

第 32～34 行:定义理牌函数,该函数将二维列表 self. playerPFs 中的元素按顺序号排列。也就是说,该函数分别对 self. playerPFs[0]中的所有元素进行排序,对 self. playerPFs[1]中的所有元素进行排序……对 self. playerPFs[n－1]中的所有元素进行排序。意味着对每个游戏者拿到的牌进行排序。

第 33～34 行：for 循环结构。循环一次处理一个 self. playerPFs 的元素，即每循环一次，整理好一个游戏者拿到的牌。

第 34 行：在此利用列表对象的成员函数 sort()来排序。需要注意的是：aPlayer 中的每个元素为 PokerFace 类的对象，通过指定 sort()函数的参数 key 为一个 lambda 函数达到对扑克牌对象进行自定义排序的目的。该 lambda 函数返回的就是列表 aPlayer 的元素 e 的 seq 属性，即对某个游戏者拿到牌按其顺序号进行排序。

第 36～38 行：定义展牌的函数。通过第 37～38 行的 for 循环结构，逐个遍历，展示每个游戏者拿到的牌。

参考程序代码(部分 4)：

```
40  import random
41  print("洗牌前："); aSuit= PokerSuit(); print(aSuit)
42  print("洗牌后："); aSuit.shuffle(); print(aSuit)
43  print("发牌后："); aSuit.dealPlayers(int(input())); aSuit.showPlayersPF()
44  print("理牌后："); aSuit.arrangePlayersPF(); aSuit.showPlayersPF()
```

说明

第 40～44 行：此为本程序的入口。按输出的要求，依次调用相关函数。

第 41 行：新建 PokerSuit 类的对象，生成了整副牌的初始序列，调用 print(aSuit)，输出所有的牌。

第 42 行：对 aSuit 中的牌进行洗牌。输出洗牌后的整副牌。

第 43 行：调用 aSuit. dealPlayers()函数，将洗牌后的整副牌 aSuit 按输入的游戏人数进行发牌，然后调用 aSuit. showPlayersPF()函数，将每个游戏者拿到的牌输出。此时，游戏者的牌没有排序。

第 44 行：调用 aSuit. arrangePlayersPF()函数，对每个游戏者拿到的牌按顺序号进行排序，然后调用 aSuit. showPlayersPF()函数，将每个游戏者拿到的牌输出。

重要知识点：

(1) 随机函数的运用。

(2) 理解表示单张扑克牌类的设计和表示整副扑克牌类的设计以及这两个类的关系。

(3) 扑克牌排序是为列表的 sort()函数的 key 参数指定 lambda 函数，以便使列表元素按特定顺序排序。

本章程序代码

第 9 章 网络爬虫与信息获取

实验 9.1 爬取电影信息

任务描述：

在电视机、手机以及网络普及后，仍有许多人喜欢到电影院去观看电影，因为在电影院观看 IMAX(巨幕电影)或 3D(三维)电影的体验比通过电视机和手机观看好。

我们经常通过网络用手机或计算机关注当地各大电影院线的最新电影上映信息。

在此，编写一个 Python 程序，从某电影信息网站实时地获取当前某城市的所有电影院上映的电影信息。

将获取的电影信息输出到 Excel 文件，该文件名格式为“当前城市名 当前时间的某年某月某日某时某分. xlsx”。为了方便查看，该 Excel 文件中有两个工作表，第 1 个工作表表名为“＊＊影院列表”，其中＊＊为当前城市名，该表汇总当前城市所有影院的 ID、影院名、影院地址，每个影院的信息为一行。第 2 个工作表表名为“在映电影详情表”，该表包括 14 列，依次为影院 ID、影院名、影院地址、影片名、评分、时长、类型、主演、放映日期、当日场次、放映时间、结束时间、语言版本、放映厅，每场电影的信息为一行。

影院 ID 是该电影网站给每个电影院的唯一标识号。若工作表中的某项信息不存在，则输出“None”。

输入：

无。

输出：

按任务要求，实时地从某网站获取当前城市的所有电影院和上映的电影信息生成 Excel 文件。输出的 Excel 文件名格式为“某城市电影信息 某年某月某日某时某分. xlsx”，其中时间信息以当前时间为准。

在爬取的过程中，也可适当地输出一些展示处理进度的信息。

输入举例：

无。

输出举例：

得到文件名为“长沙电影信息 2019 年 09 月 07 日 19 时 27 分. xlsx”的 Excel 文件，此文件中存放的内容如图 9.1 和图 9.2 所示。

图 9.1　长沙影院信息

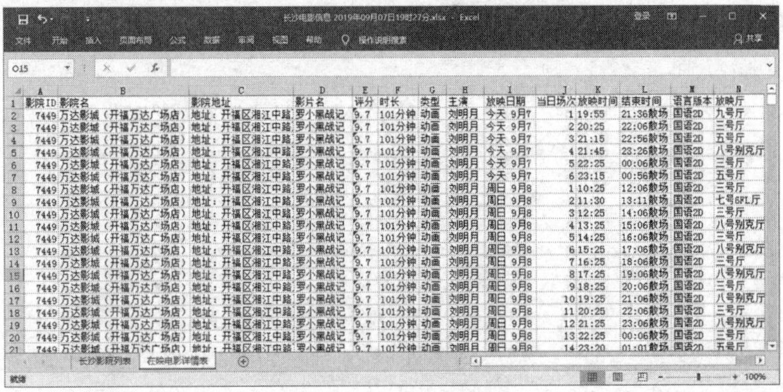

图 9.2　在映电影详情

重要提示：

使用爬虫程序时，不管是爬取数据的过程还是爬取得到数据的使用，必须遵守相关法律法规！以下代码仅供参考。

分析：

可以对目前上映电影信息较全面的网站(如猫眼电影或淘票票)进行浏览和分析。本编程任务爬取的是猫眼电影网站。

打开猫眼电影网站主页，单击“影院”，显示包含当前城市的影院信息页面。其网址为 https://maoyan.com/cinemas，如图 9.3 所示。

图 9.3　猫眼电影网站的当前城市影院信息

该页面含有分页，单击后面的某个分页，发现其网址的变化规律为：第 i 页的网址为 https://maoyan.com/cinemas?offset=12*(i-1)。例如，当 i 为 5 时，对应的网址为 https://maoyan.com/cinemas?offset=48。因此，直接访问此 URL（统一资源定位符）就能获得当前城市的所有电影院信息。（在此页面中得到的当前城市名为“长沙”。）

在长沙的影院列表页面中单击某个影院，如万达影城（梅溪湖步步高广场店），其网址为 https://maoyan.com/cinema/15887?poi=91871213，打开如图 9.4 所示的页面。然后尝试去掉此网址“?”及其后面的部分，即直接访问网址 https://maoyan.com/cinema/15887，发现页面仍然是该影院的上映电影信息，其中 15887 是该影院的 ID。查看如图 9.3 所示的影院列表页面的网页源代码，就能发现每个影院的 ID 信息包含在此页面。同样，查看某影院页面的网页源代码，就能发现在该页面包含了该影院的每部电影在近几天的每场上映信息。

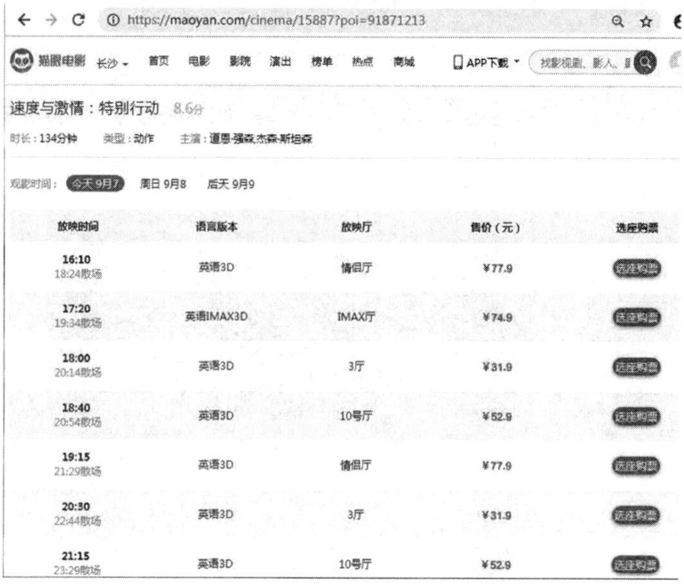

图 9.4　长沙某影院的上映电影信息

由上述分析可知，实现本编程任务的具体步骤为：

第 1 步：获取当前城市所有影院的信息。通过网址 https://maoyan.com/cinemas?offset=0，访问影院列表的第 1 个页面。能从该页面获得当前城市名、列表页面的最大分页数、当前页面的影院 ID、影院名、影院地址。然后，改变网址末尾 offset 的数值，访问后续页面。例如，offset=12*(i-1)，表示访问第 i 页。这样，一直访问到最后一页，就能获得当前城市的所有影院信息。

第 2 步：通过上一步获得的本地各个影院的 ID，通过网址 https://maoyan.com/cinema/某影院 ID，访问该影院当前上映的影片信息。

第 3 步：将获得的影院和上映电影信息按要求输出到 Excel 文件。

要从页面中获取我们所需的信息，就需要在网页源代码中分析页面的结构，提取该网页中特定标签、特定属性所含信息。以提取当前城市全部影院的 ID、影院名称、影院地址为例，具体操作如下：

首先，利用浏览器打开网页 https://maoyan.com/cinemas，在此推荐使用 Chrome 浏览器。然后，单击窗口右上方的 ⋮ 按钮，在弹出的菜单中选择“更多工具”→“开发者工具”命令，在打开的开发者工具窗口中单击左上角的 ⬚ 按钮，在网页左侧选择影院列表页面中的某个影院，右侧的开发者工具栏将显示对应的 HTML(超文本标记语言)源代码，从而可对源代码进行详细的观察和分析。

在此网页源代码中不难发现：影院列表信息包含在每个〈div class＝"cinema-cell"〉中，每个此标签对应一个影院，如图 9.5 所示。

```
▼<div class="cinemas-list"> == $0
   <h2 class="cinemas-list-header">影院列表</h2>
  ▶<div class="cinema-cell">…</div>
  ▶<div class="cinema-cell">…</div>
  ▶<div class="cinema-cell">…</div>
  ▶<div class="cinema-cell">…</div>
  ▶<div class="cinema-cell">…</div>
  ▶<div class="cinema-cell">…</div>
  ▶<div class="cinema-cell">…</div>
  ▶<div class="cinema-cell">…</div>
  ▶<div class="cinema-cell">…</div>
  ▶<div class="cinema-cell">…</div>
  ▶<div class="cinema-cell">…</div>
  ▶<div class="cinema-cell">…</div>
 </div>
```

图 9.5　影院列表网页源代码

如图 9.6 所示，在〈div class＝"cinema-cell"〉的子标签〈a class＝"cinema-name"〉标签内为影院名称，其子标签〈p class＝"cinema-address"〉为影院地址。影院 ID 也在子标签〈a〉的 data-val 属性的属性值中。

```
  <h2 class="cinemas-list-header">影院列表</h2>
 ▼<div class="cinema-cell">
   ▼<div class="cinema-info">
      <a href="/cinema/27283?poi=193617040" class="cinema-name" data-act="cinema-
      name-click" data-bid="b_4tkpau4m" data-val="{city_id: 70, cinema_id: 27283}">
      万影汇影城（高升天地LUXE店）</a>
      <p class="cinema-address">地址：雨花区湘府中路德思勤广场西侧200米苏宁易购三楼</p>
    </div>
   ▶<div class="buy-btn">…</div>
   ▶<div class="price">…</div>
  </div>
 ▶<div class="cinema-cell">…</div>
 ▶<div class="cinema-cell">…</div>
 ▶<div class="cinema-cell">…</div>
 ▶<div class="cinema-cell">…</div>
 ▶<div class="cinema-cell">…</div>
```

图 9.6　影院列表网页源代码子标签

本编程任务所需的其他信息的提取分析不再一一赘述，请读者对照网页源代码、本编程任务参考程序代码及其说明部分自行分析。

有了以上分析，就能利用 BeautifulSoup 库获取本任务要求的各项信息。从网页中获取信息的具体途径可以是多种多样的，以下代码的获取网页信息的具体途径仅供参考。

从网上爬取网页和解析所需信息，不能假定每次都成功，影响成功的因素较多。因此，凡是在有爬取和解析网页的代码处，都应有相应的措施来保证能得到正确的信息。在以下代码中给出了相应措施的示例。

参考程序代码(部分 1)：

```
def getCurCityCinemas(maxPageNum):
    cinemas=[]
```

续表

```
3       for pageNum in range(0,maxPageNum):
4           while True:
5               url="https://maoyan.com/cinemas?offset="+str(pageNum*12)
6               response=requests.get(url)
7               if str(response)=="<Response [200]>":    break
8               time.sleep(random.randint(5,10))
9               print("请求获取影院信息第%d页时发生页面响应错误!"%(pageNum+1))
10          mySoup=BS4(response.text,features="lxml")
11          divCinemaCells=mySoup.find_all("div",attrs={"class":"cinema-cell"})
12          for aCell in divCinemaCells:
13              aCinema=aCell.find("a",attrs={"class": "cinema-name"})
14              cinemaName=aCinema.text
15              aDict=dict(demjson.decode(aCinema['data-val']))
16              cinemaId=aDict['cinema_id']
17              cinemaAddr=aCell.find("p",attrs={"class":
                                                "cinema-address"}).text
18              aCinemaDict={}
19              aCinemaDict['cinemaId']=cinemaId
20              aCinemaDict['cinemaName']=cinemaName
21              aCinemaDict['cinemaAddr']=cinemaAddr
22              cinemas.append(aCinemaDict)
23      return cinemas
24
```

〈说明〉

第1～23行：自定义函数 getCurCityCinemas(maxPageNum)，参数 maxPageNum 表示当前城市影院列表页面的页数，最小值为1。该函数的功能是得到当前城市所有影院的 ID、影院名称、影院地址。返回值 cinemas 为列表。cinemas 的结构如下所示，其中的“?”表示字典中该“键”对应的“值”。

```
[
    {'cinemaId':?,'cinemaName':?,'cinemaAddr':?},
    {'cinemaId':?,'cinemaName':?,'cinemaAddr':?},
    ……
]
```

也就是说，列表 cinemas 记录了当前城市的所有影院信息。每个列表元素是一个字典对象，该字典有 3 个“键”，它们分别为 cinemaId，cinemaName，cinemaAddr，每个字典对象记录了一个影院的 ID、名称和地址。

第 2 行：定义空列表 cinemas，该列表的每个元素为一个字典对象，每个元素表示一个影院的信息，信息项包括：影院 ID、影院名称和影院地址。

第 3～22 行：for 循环结构。共循环 maxPageNum 次，每循环一次，处理一个影院列表页面中的影院信息。循环变量 pageNum 表示页号，从 0 开始计。

第 4～9 行：while 循环结构。其作用是：当通过 url 请求相应影院页面时，如果出现响应错误，那么一直循环到得到正确响应为止。在此采用了“while True 循环＋if 判断”的方式来处理不正常的响应。

第 5 行：根据对猫眼电影网站的影院页面网址的分析可知，pageNum 页对应的网址 url ＝"https://maoyan.com/cinemas?offset＝"＋str(pageNum * 12)。其中常数 12 表示该影院列表页面每页显示 12 个影院。

第 6 行：调用 requests.get(url)函数，以本地计算机作为客户端向 url 网址所表示的网站发起访问请求。该函数的返回值为该网站响应请求而向本地计算机发回的一个响应。如果该响应给本地计算机的浏览器解析，就能看到第 pageNum 页影院列表页面，但在此，将该响应存放到变量 response 中。

在此需要特别强调的是：设计和使用爬虫程序必须遵守相关法律，并且也应该遵守 Robots 协议（也称为爬虫协议），正确地设置请求头中 User-Agent（用户代理）的相关信息。爬取过程，可能因为被访问网站的相关反爬取策略而失败。

第 7 行：判断返回的请求结果是否为正确返回。如果请求页面被正确响应，那么 response 对象转换为字符串的结果"<Response [200]>"。据此判断结构，若条件成立，则执行 break 语句，跳出 while 循环结构；否则，一直循环到请求的页面得到正确响应为止。

第 8 行：如果本次爬取失败，应该在尽可能长的间隔时间后再次尝试，以免影响被爬取网站的正常运行。**因频繁地强行爬取而给网站造成不良后果的，需要承担相应法律责任。**以下第 91 行和第 110 行代码的与此情况相同，不再赘述。

第 9 行：用来输出当请求第几页影院信息时出错的提示信息。

第 10 行：调用 BS4()函数，将解析器特征设置为 lxml，从而对 response.text 进行解析，结果存放到变量 mySoup 中。其中 lxml 表示解析器为 lxml HTML 解析器。

第 11 行：通过分析影院列表网页的源代码，不难发现，每个<div class＝"cinema-cell">标签对应一个影院，包含影院的 ID、名称和地址信息。因此，调用 mySoup 的 find_all("div",attrs＝{"class":"cinema-cell"})函数，查找形如<div class＝"cinema-cell">的所有标签，返回值存放到变量 divCinemaCells 中。该变量为列表，其元素为包含单个影院信息的 div 标签。

第 12～22 行：for 循环结构。对 divCinemaCells 中的每个元素循环一次，每个元素为包含单个影院信息的<div>标签，即循环变量 aCell 所表示的值。

第 13 行：通过分析包含单个影院信息的<div>标签的网页源代码，不难发现，形如<a class＝"cinema-name">标签的文本为影院名称，名为 data-val 的属性，其值形如"{city_id: 70,cinema_id: 15887}"，其中包含该影院 ID。因此，调用 aCell.find("a",attrs＝{"class":"cinema-name"})函数，找到此标签，结果存放到变量 aCinema 中。

第 14 行：由第 13 行的说明可知，aCinema.text 就是该标签的文本，即该影院名称，将此值存放到变量 cinemaName 中。

第 15 行：aCinema['data-val']表示 aCinema 标签中 data-val 属性的值。该值形如"{city_id：70，cinema_id：15887}"。此值与 Python 中的字典数据对象的形式非常接近，但是此值为字符串，不是 Python 的字典对象。通过调用 demjson. decode()函数，将上述字符串转换为字典对象。在此，不能调用 json. loads(aCinema['data-val'])函数转换为 Python 的字典对象，因为 aCinema['data-val']值为字符串，该字符串中的表示属性名的字符串 city_id，cinema_id 没有用双引号界定，而 JSON 规范中要求 json 字符串必须用双引号界定，demjson. decode()函数则不要求属性名带双引号。转换后得到的字典对象存放到变量 aDict 中。

第 16 行：从字典 aDict 中读取“键”为 cinema_id 对应的“值”。

第 17 行：分析包含在单个影院信息标签内的存放影院地址的<p class="cinema-address">标签。因此，调用 aCell. find("p"，attrs={"class"："cinema-address"}). text 函数，将其中的文本赋值给变量 cinemaAddr。

第 18 行：定义一个用来表示单个影院的字典，初始化为空字典。

第 19～21 行：分别为该字典的 3 个“键”cinemaId，cinemaName，cinemaAddr 赋值。

第 22 行：将 aCinemaDict 添加到列表 cinemas 中。

参考程序代码(部分 2)：

```
25  def getMovies(cinemaId):
26      url="https://maoyan.com/cinema/"+str(cinemaId)
27      response=requests.get(url)
28      mySoup=BS4(response.text,features="lxml")
29      divShows=mySoup.find_all("div",attrs={"class": "show-list"})
30      allMoviesAllShows=[]
31      for aDiv in divShows:
32          oneMovieAllShows={}
33          divMovieInfo=aDiv.find("div",attrs={"class": "movie-info"})
34          h3MovieName=divMovieInfo.find("h3",attrs={"class": "movie-name"})
35          spanMovieScore=divMovieInfo.find("span",attrs={"class": "score sc"})
36          movieName=h3MovieName.text
37          movieScore=None
38          if spanMovieScore!=None:
39              movieScore=spanMovieScore.text
40          divMovieDesc=divMovieInfo.find("div",attrs={"class": "movie-desc"})
41          spanList=divMovieDesc.select("div span.value")
42          if len(spanList)==3:
```

续表

```
43              timeLen,movieType,starring=[e.text for e in spanList]
44          elif len(spanList)==2:
45              timeLen,movieType=[e.text for e in spanList]
46              starring=None
47          movieDesc=(movieName,movieScore,timeLen,movieType,starring)
48          oneMovieAllShows['movieDesc']=movieDesc
49
50          spanDateItems=aDiv.find_all("span",attrs={"class": "date-item"})
51          dateList=[]
52          for aDateItem in spanDateItems:
53              dateList.append(aDateItem.text)
54          oneMovieAllShows['dateList']=dateList
55
56          divTags=aDiv.find_all("div",attrs={"class": "plist-container"})
57          timeHallList=[]
58          for aDivTag in divTags:
59              aShow=[]
60              tr=aDivTag.select("table tr")
61              for aRow in tr:
62                  tdSpan=aRow.select("td span")
63                  aShow.append(([e.text for e in tdSpan[:4]]))
64              timeHallList.append(aShow)
65          oneMovieAllShows['timeHallList']=timeHallList
66          allMoviesAllShows.append(oneMovieAllShows)
67      return allMoviesAllShows
68
```

说明

第25～67行：自定义函数getMoives(cinemaId)，参数cinemaId为影院的ID(仅在猫眼网站有效)，返回值为该影院所有上映的影片。返回值的结构为多重嵌套结构，该结构的详细分析见参考程序代码(部分5)后的说明。之所以将此返回值设计成多重嵌套结构，而不是直接设计成与输出Excel信息对应的二维列表，是因为前者避免了信息的重复存储，节省了大量存储空间。

第26行：据分析可知，已知影院ID，那么该影院上映的电影信息页面的网址为"https://maoyan.com/cinema/"+str(cinemaId)。

第 27 行：向以上网址发起请求，得到响应结果，存放到变量 response 中。

第 28 行：利用 BS4()函数解析响应对象 response. text 所表示的 HTML 网页，得到解析后的 BS4 对象 mySoup。

第 29 行：根据对以上某影院上映影片信息页面源代码的分析可知，每部影片及其放映场次信息均在一个〈div class="show-list"〉标签之内，每部影片对应一个这样的〈div〉标签。调用 mySoup. find_all()函数，找到所有这样的〈div〉标签，就能解析得到每部电影及其放映场次信息。查找的结果存放在变量 divShows 中，该变量为列表，每个元素代表一个被找到的 class="show-list"条件的〈div〉标签。

第 30 行：初始化变量 allMoviesAllShows 为空列表，它将用来存放某个影院的每部电影的全部放映信息，该列表将作为本函数的返回值。

第 31～66 行：for 循环结构。每循环一次，解析得到一部影片的全部放映日期和场次信息。循环变量 aDiv 表示一个包含一部影片所有放映场次信息的一个〈div〉标签，相应信息在此标签的子标签内。

具体来说，在此用一个字典 oneMovieAllShows 来表示一部影片的全部放映信息，该字典有 3 个“键”movieDesc，dateList，timeHallList，分别表示该部电影的基本信息、放映日期、放映场次。其中，第 40～48 行实现得到了 oneMovieAllShows['movieDesc']的值，第 50～54 行实现得到了 oneMovieAllShows['dateList']的值，第 56～65 行实现得到了 oneMovieAllShows['timeHallList']的值。

第 32 行：初始化变量 oneMovieAllShows 为空列表，它将用来存放一部电影的所有放映信息。

第 33～46 行：在网页源代码中，对〈div class="show-list"〉的子标签进行分析可知，其子标签〈div class="movie-info"〉标签的子标签〈h3 class="movie-name"〉包含电影名称、子标签〈span class="score sc"〉中为电影评分，子标签〈div class="movie-desc"〉的每个子标签〈span class="value"〉分别为该电影的时长、类型、主演等信息。

第 33 行：在 aDiv 所表示的标签中查找子标签〈div class="movie-info"〉，结果存放到变量 divMovieInfo 中。

第 34 行：在 divMovieInfo 所表示的标签中查找子标签〈h3 class="movie-name"〉，结果存放到变量 h3MovieName 中。

第 35 行：在 divMovieInfo 所表示的标签中查找子标签〈span class="score sc"〉，结果存放到变量 spanMovieScore 中。

第 36 行：读取 h3MovieName 所表示标签的文本，此为电影名。

第 37 行：将 movieScore 赋初始值为 None，它表示电影的评分。因为有的电影缺少评分数据，所以必须在此赋初始值。按照本编程任务要求，缺项的信息均为 None。

第 38～39 行：如果存在评分项，那么 spanMovieScore 所表示标签的文本就是电影评分。在此评分值为字符串类型。

第 40 行：在 divMovieInfo 所表示的标签中查找子标签〈div class="movie-desc"〉，结果存放到变量 divMovieDesc 中。

第 41 行：利用 BeautifulSoup 库中的 select()函数，调用 divMovieDesc. select("div span. value")。其作用是选取 divMovieDesc 所表示标签的〈div〉子标签的全部具有 class 属性值为“value”的子标签〈span〉。结果为列表类型，存放到变量 spanList 中。

第 42～46 行：分析所有电影网页可知，所有影片具有时长和类型信息，但主演信息可能没有，所以用此分支结构来处理。若 spanList 中的信息项数为 3，则依次获得时长、类型、主演信息；否则，获得时长和类型，主演为 None。

第 47 行：将前面获得某部电影的片名、评分、时长、类型、主演信息构成五元组，存放到变量 movieDesc 中。

第 48 行：将此表示某部电影信息的五元组存放到字典 oneMovieAllShows 中，作为"键"movieDesc 对应的"值"。

第 50 行：在 aDiv 所表示标签中查找所有子标签〈span class＝"data-item"〉，每个子标签包含了一个放映日期。查找后的结果存放到变量 spanDateItems 中，该变量为列表，每个元素表示一个放映日期。在此假设日期个数为 n，那么后面获得的放映场次也有 n 项，每项对应一个放映日期。

第 51～53 行：初始化列表 dateList 为空列表，该变量用来存放某部电影的全部放映日期。接下来，通过循环将 spanDateItems 中每个元素所表示标签的文本(放映日期)存放到列表 dateList 中。列表 dateList 中的元素个数是 n。

第 54 行：将得到的放映日期列表存放到字典 oneMovieAllShows 中，作为"键"dateList 对应的"值"。

第 56 行：在 aDiv 所表示标签中查找所有子标签〈div class＝"plist-container"〉，每个子标签包含了一条放映电影的开始时间、散场时间、语言版本、放映厅信息。结果存放到变量 divTags 中，该变量为一个列表，每个元素为一个上述〈div〉子标签。

第 57 行：将 timeHallList 赋初始值为空列表。该变量用来存放某部影片的全部放映信息。

第 58～64 行：for 循环结构。对列表 divTags 中的元素进行循环，每循环一次，处理一个日期的所有放映场次。循环变量 aDivTag 对应一个放映日期。该循环的次数应该为 n。

第 59 行：将列表 aShow 赋初始值为空列表。该列表将用来存放某部电影某个放映日期的所有放映场次信息。

第 60 行：放映场次信息存放在〈table〉标签中，每行对应一个〈tr〉子标签，每行为一场放映场次信息。因此，调用 aDivTag. select("table tr")，选取 aDivTag 的子标签 table 的子标签 tr。结果为列表，其每个元素表示表格的一行。

第 61～63 行：for 循环结构。每循环一次处理表格中的一行。每行包含某个影院的某部电影的开始时间、散场时间、语言版本、放映厅信息。

第 62 行：调用 aRow. select("td span")，从 aRow 所表示的表格〈table〉标签的子标签〈tr〉中选取全部的子标签〈td〉的子标签〈span〉，结果存放到变量 tdSpan 中。此变量为列表，每个元素为表示某表格行的所有〈span〉标签，一个〈span〉标签对应表格中的一个单元格。

第 63 行：列表 tdSpan 中可能有超过 4 项的信息，在此只要取前 4 项信息，它们分别是某场电影的开始时间、结束时间、语言版本、放映厅信息。将它们作为一个四元组，添加到列表 aShow 中。

第 64 行：将 aShow 添加到列表 timeHallList 中。该列表中的一个 aShow 表示某影院某影片某日期的所有放映场次信息。

第 65 行：将一部电影的所有放映信息存放到 oneMovieAllShows ['timeHallList']中。

第 66 行：将 oneMovieAllShows 添加到列表 allMoviesAllShows 中。

第 67 行:返回 allMoviesAllShows,存放有某个影院的每部电影全部放映信息。

参考程序代码(部分 3):

```
69  def getCurCityCinemasMovies():
70      isOK=False
71      while isOK==False:
72          try:
73              url="https://maoyan.com/cinemas"
74              response=requests.get(url)
75              mySoup=BS4(response.text,features="lxml")
76              divPager=mySoup.find("div",attrs={"class":"cinema-pager"})
77              maxPageNum=1
78              if divPager!=None:
79                  pages=divPager.find_all("a")
80                  for aPage in pages:
81                      if aPage.text=="下一页"or aPage.text=="上一页":
82                          continue
83                      pageNum=int(aPage.text)
84                      if maxPageNum<pageNum:
85                          maxPageNum=pageNum
86              divCity=mySoup.find("div",attrs={"class": "city-container"})
87              cityName=divCity.find("div",attrs={"class":"city-name"}).text.strip()
88              isOK=True
89          except:
90              traceback.print_stack()
91              time.sleep(random.randint(5,10))
92      cinemas=cinemaList=getCurCityCinemas(maxPageNum)
93      cnt=0
94      cinemasMovies=[]
95      exceptedList=[]
96      while True:
97          print('本轮%s共有%d个影院'%(cityName,len(cinemaList)))
98          for aCinema in cinemaList:
99              cmDict={}
100             cnt+=1
```

续表

```
101             print('第%d 次处理,正在获取%s 电影信息'%(cnt,
                                            aCinema['cinemaName']))
102             try:
103                 movies=getMovies(aCinema['cinemaId'])
104                 cmDict["cinema"]=aCinema
105                 cmDict["movies"]=movies
106                 cinemasMovies.append(cmDict)
107             except Exception as e:
108                 print(e)
109                 exceptedList.append(aCinema)
110                 time.sleep(random.randint(5,10))
111         if exceptedList==[]:
112             break
113         else:
114             cinemaList=exceptedList
115             exceptedList=[]
116     return cityName,cinemas,cinemasMovies
117
```

说明

第 69～116 行：自定义函数 getCurCityCinemasMovies()。该函数的功能是从猫眼电影网站获取当前城市名称、所有影院信息和每个影院每部影片放映信息。返回值为一个三元组(也可理解成有 3 个返回值)：当前城市名 cityName、影院信息 cinemas 以及每个影院每场电影放映信息 cinemasMovies。返回值 cityName 的类型为字符串类型。cinemas 的类型为列表类型，它是第 92 行调用函数 getCurCityCinemas()的返回值，该返回值的详细结构请见参考程序代码(部分 1)的说明。cinemasMovies 为多重嵌套结构，该结构的详细分析见参考程序代码(部分 5)后的说明。

第 70 行：在此定义了标志变量 isOK，其类型为布尔类型，赋初始值为 False。若该变量为 True，则表示已经从网站获取了当前城市名和影院列表页的最大页号；否则，表示这两项信息还没有获取或者是在获取过程中发生了异常。它将用于第 71～90 行的循环结构。

第 71～90 行：while 循环结构。如果尚未从网站获取当前城市名和影院列表页最大页号，就一直循环到正确获取这两项信息为止。

第 72～90 行：在此利用了 try-except 的异常捕获机制。一旦在爬取或解析网页的过程中出现了异常，就继续循环，直到无异常为止，即程序执行到第 88 行，将标志变量 isOK 赋为 True，当下次判断 while isOK＝＝False 时，条件为不满足，结束循环。在此采用了“while True 循环＋异常处理机制＋标志变量”的方式来处理异常情况。

第 73～75 行：按特定的网址请求当前城市影院列表，mySoup 对象代表获得网页的 HTML 文档。

第 76 行：从 mySoup 所表示的 HTML 文档中，查找第一个形如〈div class="cinema-page"〉的标签。该标签包含了影院列表页的分页信息，需要从中提取最大页号。而每页的影院个数固定为 12，这个值是通过观察该页面分页情况得到的，其实也可以从页面中解析得到。

第 77 行：设置最大页号初始值为 1。如果当前城市的影院很少，不足一页，那么最大页号是 1。

第 78～85 行：判断上述查找结果是否为 None。如果是，就意味着影院列表不存在分页，即只有一页，因此不需要做处理，跳过本分支结构即可；如果不是，那么存在分页，即至少有两页，因此需要从页面解析得到最大页数。

第 79 行：从 divPager 所表示的标签内查找所有的标签〈a〉，即超链接标签，得到结果为列表，存放到 pages 中。pages 列表的每个元素表示一个〈a〉标签。这些〈a〉标签的文本就是页号，如果页数很多，就还有"上一页""下一页"这样的文本。

第 80～85 行：逐个读取每个〈a〉标签中的文本，如果不是"上一页"或"下一页"，那么一定有表示页号的数字字符串。因此，将此数字字符串转换为整数，取最大值，就得到最大页号。

第 86～87 行：按网页上城市名所在位置，解析得到城市名。在此，先找到标签〈div class="city-container"〉，再在其子标签中查找〈div class="city-name"〉子标签，该标签中的文本就是城市名。因为该文本前、后带有回车换行和空格字符，所以调用字符串的 strip()函数去掉这些换行和空格字符。

第 88 行：程序执行至此，说明已经正确地获得了城市名和页数，下次将跳出 while 循环结构。

第 89～90 行：此处为发生异常后的处理措施。发生异常后可以什么都不做，如将第 90 行语句改写成 pass 即可。然而，在此利用 traceback 库中的 print_stack()函数，输出异常时栈的信息，从中能看出是哪行代码引发了异常。

第 92 行：调用自定义函数 getCurCityCinemas（maxPageNum），传递的参数 maxPageNum 为影院列表页的最大分页数。该函数的返回值为当前城市的所有影院的信息，其包含影院 ID、影院名称和影院地址。此返回值的具体结构请参考程序代码(部分 1)的说明。需要注意的是：在此将调用函数的返回值连等赋值给了两个变量 cinemas 和 cinemaList。其原因是：getCurCityCinemasMovies()函数需要将 cinemas 作为返回值三元组中的一元返回，而 cinemaList 变量指向的对象将在接下来的 while 循环结构中被修改，当 while 循环结束后，cinemaList 可能不再指向存放了影院信息的数据。

第 93 行：将计数器 cnt 赋初始值为 0。该变量用来对每次爬取影院信息的操作进行计数。

第 94～95 行：分别给 cinemasMovies 和 exceptedList 赋初始值为空列表。变量 cinemasMovies 用来记录当前城市所有影院的全部放映信息，其类型为列表类型，具有多重嵌套结构，每个元素对应一个影院的放映信息。变量 exceptedList 用来记录每次对影院进行访问时出现异常的影院，其类型为列表类型，每个元素为一个影院的信息。特别注意：在此不能连等赋值，即不能写成：

cinemasMovies=exceptedList=[]

原因是：如果这样写，那么这两个列表对象都将指向同一实际数据存储空间，即第 106

行对列表 cinemasMovies 的 append()操作与第 109 行对列表 exceptedList 的 append()操作都对同一数据进行操作。这不是我们想要的结果。请读者自己思考：为什么第 92 行可以用连等赋值而不会有问题呢？

第 96～115 行：while 循环结构。此循环的作用是：如果在获取某个影院的放映信息时发生异常，那么在本轮处理完其余所有影院后，在下一轮再次尝试获取这些发生异常的影院的放映信息，直到所有影院的信息获取成功为止。为了实现此目的，在此采用了"while True 循环＋异常处理机制＋专用列表"的方式来处理异常情况。此 while 循环每循环一次为一轮。第 1 轮为所有待处理的影院，以后每轮为上轮爬取过程中发生了异常的影院，直到异常影院列表为空为止。

第 97 行：输出本轮共有多少个影院需要处理。第 101 行输出当前进展信息与此类似。输出这些信息的目的是让我们能看到本程序的进展情况。当爬取和解析的影院较多、电影信息较多时，每步操作都比较费时，输出一些信息以提示爬虫程序的进展情况。

第 98～110 行：for 循环结构，针对本轮需要处理的影院列表 cinemaList 中的元素逐个进行处理。循环的次数为列表 cinemaList 元素的个数。

第 99 行：初始化 cmDict 为空字典。该变量用来存放单个影院及其电影信息，该字典有两个"键"，分别为 cinema，movies。

第 100 行：计数处理次数。

第 101 行：输出处理进度的信息，包括当前处理次数和正在处理的影院。

第 102～110 行：引入了异常处理机制。

第 103～106 行：处理一个影院的所有上映信息。

第 103 行：根据 aCinema['cinemaId']得到当前影院 ID，再以此作为参数调用自定义函数 getMovies()，返回该影院的所有影片上映信息 movies。

第 104～105 行：将 aCinema 和 movies 存放到字典 cmDict 中作为"键"cinema 和 movies 的"值"。

第 106 行：将此字典添加到列表 cinemasMovies 中。

第 107～110 行：如果在执行第 103～106 行的代码时出现异常，那么将执行此处代码，输出异常相关信息，并且将出错的影院信息 aCinema 添加到列表 exceptedList 中。在 5～10 s 间隔时间后再尝试。

第 111～115 行：判断 exceptedList 是否为空列表。如果是，就意味着本轮处理没有发生异常，从而执行 break 语句，跳出 while 循环；如果不是，就意味着需要下一轮处理，从而将 exceptedList 赋值给 cinemaList，作为下一轮的影院列表，再将 exceptedList 清空，以便能重新存放下一轮处理时异常的影院信息。

第 116 行：返回 cityName，cinemas，cinemasMovies。

参考程序代码(部分 4)：

```
118  def writeExcelFile(cityName,cinemas,cinemasMovies):
119      workBook=openpyxl.Workbook()
120      ws=workBook.active
121      ws.title="%s 影院列表"%cityName
```

续表

```
ws["A1"],ws["B1"],ws["C1"]="影院 ID","影院名","影院地址"
row=1
for aCine in cinemas:
    row+=1
    ws.cell(row,1,aCine['cinemaId'])
    ws.cell(row,2,aCine['cinemaName'])
    ws.cell(row,3,aCine['cinemaAddr'])
ws=workBook.create_sheet("在映电影详情表")
colNames=('影院 ID','影院名','影院地址','影片名','评分','时长','类型','主演',
          '放映日期','当日场次','放映时间','结束时间','语言版本','放映厅')
col=0
for aName in colNames:
    col+=1
    ws.cell(1,col,aName)
for cmDict in cinemasMovies:
    cinemaDict=cmDict['cinema']
    cinemaId=cinemaDict['cinemaId']
    cinemaName=cinemaDict['cinemaName']
    cinemaAddr=cinemaDict['cinemaAddr']
    movies=cmDict['movies']
    for aMovie in movies:
        movieDesc=aMovie['movieDesc']
        movieName,score,timeLen,movieType,starring= movieDesc
        dateList=aMovie['dateList']
        timeHallList=aMovie['timeHallList']
        for i in range(len(dateList)):
            showDate=dateList[i]
            cnt=0
            for aTimeHall in timeHallList[i]:
                if aTimeHall !=[]:
                    cnt+=1
                    startTime,endTime,lang,hall=aTimeHall
                    aRow=(cinemaId,cinemaName,cinemaAddr,
```

续表

```
                            movieName,score,timeLen,movieType,starring,
                            showDate,cnt,startTime,endTime,lang,hall)
154                 ws.append(aRow)
155     nowTime=dt.now().strftime('%Y{Y}%m{m}%d{d}%H{H}%M{M}')
156     nowTime=nowTime.format(Y='年',m='月',d='日',H='时',M='分')
157     fn="%s 电影信息 %s.xlsx"%(cityName,nowTime)
158     workBook.save(fn)
159
```

说明

第 118～158 行：自定义函数 writeExcelFile(cityName，cinemas，cinemasMovies)，3 项参数分别为城市名、影院信息、所有影院的所有电影放映信息。此函数的功能为：按本编程任务的输出要求，将以上信息输出到 Excel 文件中，该 Excel 文件有两个工作表，分别为“某城市影院列表”和“在映电影详情表”，Excel 文件名为“某城市电影信息 某年某月某日某时某分. xlsx”。

第 119 行：得到工作簿对象 workBook。

第 120 行：获取当前工作簿中的活动工作表对象，存放到变量 ws 中。

第 121 行：将工作表 ws 的名称改为“某城市影院列表”。

第 122 行：将此工作表的 3 个单元格 A1，B1，C1 分别赋值为“影院 ID”“影院名”“影院地址”，以此作为本工作表的标题行。

第 123 行：将表示工作表单元格行号的变量 row 赋初始值为 1。

第 124～128 行：for 循环结构。对 cinemas 中的每个元素循环一次，循环变量为 aCine，它为一个字典对象，表示一个影院的信息。aCine['cinemaId']，aCine['cinemaName']，aCine['cinemaAddr']的值分别表示一个影院的 ID、名称和地址，将此 3 个值存放到该行对应的 3 个单元格中。每循环一次，行号 row 自增 1。因为第 1 行存放了标题行，所以实际存放的行号从 2 开始。工作表 ws 的 cell()函数的 3 个参数分别为行号、列号、要存放到该单元格的值。

第 129 行：创建新工作表，表名为“在映电影详情表”。

第 130 行：按输出要求，准备好该工作表的标题行单元格的字符串值。

第 131 行：列号 col 赋初始值为 0。

第 132～134 行：将 colNames 输出到工作表的标题行。

第 135～154 行：for 循环结构，其作用是输出信息到当前工作表，每一行为一个场次的放映信息。此循环结构为四重 for 循环嵌套结构，对应一场具体放映的 4 个维度信息：影院、电影、日期、场次。从外层往内层，层层递进，每递进一层就多确定一个维度的信息。恰好 cinemasMovies 也是按这 4 个维度来组织信息的，循环结构递进一层对应着 cinemasMovies 中的数据结构递进一层，因此四重循环结构对 cinemasMovies 进行处理是非常自然的。例如，第 1 层 for 循环(也称最外层)每循环一次，输出一个影院的所有电影所有放映日期的所有放映场次信息。最外层 for 循环执行完毕，意味着所有影院的所有电影所有放映日期的所有放映场次信息输出完毕。第 2 层 for 循环每循环一次，输出某个影院的一部电影的所有放映日期的所有放映场次信息。第 2 层 for 循环执行完毕，意味着某个影院的所有电影的所有放映日期的所有放映场次信息输出完毕。第 3 层和第 4 层以此类推。在第 153 行，循环的最内层，就具备了“在映电影详情表”工作表中一行数据的所有信息，将这些信息组成一个元组 aRow，然后在第 154 行以调用 ws.append(aRow)函数的方式将此一行信息添加到工作表。

第 148 行：场次是由变量 cnt 计数的，记录的是前 3 个维度信息相同的场次序号。因此，cnt 在第 3 层循环之内第 4 层循环之外重置为 0，在第 4 层循环之内计数。

第 150 行：增加了对 aTimeHall 是否为空列表的判断，是因为实际爬取的数据中存在空列表，在此增加判断，对空列表予以排除。

第 155～156 行：将当前时间转换为形如'某年某月某日某时某分'的字符串。特别注意：在此不能直接用 dt.now().strftime("%Y 年%m 月%d 日%H 时%M 分")来得到结果，因为该 strftime()函数不支持格式串有中文字符。因此，采用如下办法解决：先调用 dt.now().strftime('%Y{Y}%m{m}%d{d}%H{H}%M{M}')，结果存放到变量 nowTime 中，得到形如'2019{Y}09{m}08{d}11{H}05{M}'的字符串，再调用 nowTime.format(Y='年',m='月',d='日',H='时',M='分')，以传递关键字参数的方式调用 format()函数，将字符串 nowTime 中{Y}，{m}，{d}，{H}，{M}分别替换成常量字符串'年'、'月'、'日'、'时'、'分'，从而得到我们想要的形如“2019 年 09 月 08 日 11 时 08 分”的结果。

第 157 行：以城市名和当前时间作为参数，得到要输出的 Excel 文件名。

第 158 行：执行 workBook.save(fn)函数，才真正地将内存中的 workBook 对象输出到名为 fn 的文件。当然，不一定要等所有数据都进入了 workBook 后才调用 save()函数生成 Excel 文件。如果 Excel 文件比较大，那么为了能及时保存中间结果，也可以在本自定义函数适当位置多次调用 workBook.save(fn)函数。

参考程序代码(部分 5)：

```
160  import requests,openpyxl,demjson,traceback,time
161  from bs4 import BeautifulSoup as BS4
162  from datetime import datetime as dt
163
164  cityName,cinemas,cinemasMovies=getCurCityCinemasMovies()
165  writeExcelFile(cityName,cinemas,cinemasMovies)
```

〈说明〉

第 160～162 行：导入本编程任务所需的库：requests，openpyxl，demjson，traceback，bs4.BeatifulSoup，datatime.datetime。

第 164～165 行：本程序的实际入口。调用自定义函数 getCurCityCinemasMovies()，其返回值包含本编程任务所需的 3 项信息，并分别赋值给 3 个变量：当前城市名 cityName、影院信息 cinemas 以及每个影院每场电影放映信息 cinemasMovies。然后，将此 3 个变量作为实参调用自定义函数 writeExcelFile()，实现将本城市所有影院的在映电影信息按要求输出到 Excel 文件。

cinemasMovies 是四重嵌套结构，对应着 4 个信息维度，从外往内，4 个维度分别为影院、电影、日期、场次，其结构如图 9.7 所示。

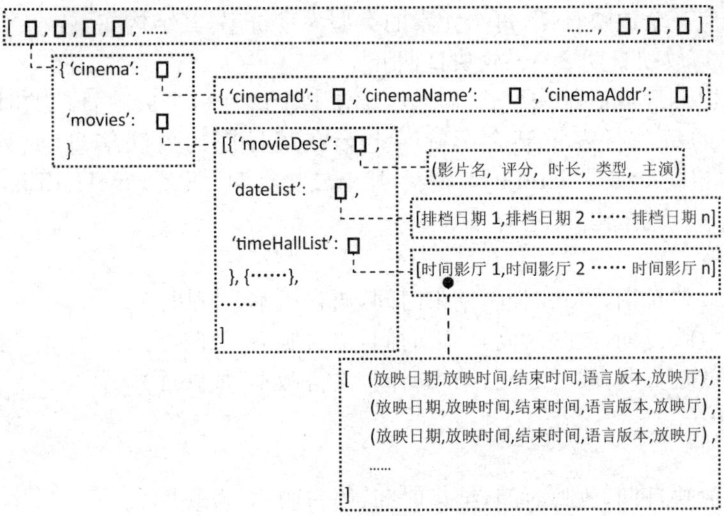

图 9.7　四重嵌套结构示意图

为了以下表述方便,某“键”对应的“值”记为“键名＋Value”。例如,“键”cinemaId 对应的“值”记为 cinemaIdValue。当我们不关注某“键”对应的“值”时,则用“?”表示该值。

cinemasMovies 的具体结构如下:

```
[
    {'cinema':?,'movies':?},
    {'cinema':?,'movies':?},
    ……
]
```

cinemasMovies 是一个列表,它记录了当前城市的所有影院放映的每部电影信息。每个列表元素是一个字典对象,该字典有两个“键”,它们分别为 cinema 和 movies,每个字典对象记录了一个影院的 ID、名称、地址以及该影院所有电影放映信息。其中,cinemaValue 和 moviesValue 的结构分别如下:

① cinemaValue 的结构为:

```
{    'cinemaId':?,'cinemaName':?,'cinemaAddr':?}
```

② moviesValue 的结构为:

```
[
    {'movieDesc':?,'dateList':?,'timeHallList':?},
    {'movieDesc':?,'dateList':?,'timeHallList':?},
    ……
]
```

moviesValue 是一个列表,它记录了该影院放映的每部电影信息。每个列表元素是一个字典对象,该字典有 3 个“键”,它们分别为 movieDesc,dateList 和 timeHallList,每个字典对象记录了电影的基本信息、放映日期、时间、场次、放映厅信息。其中,movieDescValue,dateListValue,timeHallListValue 的结构分别如下:

① movieDescValue 是一个五元组,其结构如下:

(影片名,评分,时长,类型,主演)

② dateListValue 是一个列表,记录了某个影片的所有放映日期,其中存放了 n 个元

素，每个元素对应一个放映日期，每个元素的类型为字符串，其结构如下：

[放映日期 1，放映日期 2……放映日期 n]

③ timeHallListValue 是一个二维列表，记录某个影片每个放映日期的时间场次、放映厅信息，此列表的每一行表示某个影院某电影在某日期的放映信息，此列表的行数与 dateList 的行数相同。如果 dateList[i]表示某个放映日期，那么 timeHallListValue[i]表示该日期的放映信息，其结构如下：

```
[
    [   (放映日期，放映时间，结束时间，语言版本，放映厅)，
        (放映日期，放映时间，结束时间，语言版本，放映厅)，
        (放映日期，放映时间，结束时间，语言版本，放映厅)，
        ……
    ]，
    [   (放映日期，放映时间，结束时间，语言版本，放映厅)，
        (放映日期，放映时间，结束时间，语言版本，放映厅)，
        ……
    ]，
    ……
]
```

补充说明：用以上方法获取的电影价格信息无法正常显示，原因是该网站对价格信息加密了。对此感兴趣的读者可查找相关资料。

重要知识点：

(1) 利用 bs4 库的 BeatifulSoup 对网页数据的解析。

(2) 对爬取的目标网站的网页结构进行分析，发现数据在网页结构中的特征。

(3) 以多重嵌套(树状结构)方式存取数据。

(4) 用多工作表的 Excel 文件存储输出数据。

本章程序代码

第 10 章　科学计算与可视化

实验 10.1　舞动的文字

任务描述：

制作出像波浪一样上下起伏的动态舞动的文字效果作为广告，更能吸人眼球。

给定需要显示的文字，编写程序制作出按正弦波的方式上下起伏的文字动态效果。

对效果相关参数设置如下：窗口宽度以输入为准（单位：像素）、高度以输入为准（单位：像素）、窗口背景为白色；文字为红色、黑体，文本框背景为白色，字体大小以输入为准（单位：像素），文字水平方向均匀分布；确定波形状的函数为正弦函数 $y=\sin kx$，k 值以输入为准，x 取值区间为$[0,2\pi]$，此函数在$[0,2\pi]$上的波形占满整个窗口宽度；波形显示在窗口中处于垂直居中位置，文字最高和最低之差构成的振幅占窗口高度的 60%。

输入：

第 1 行为需要显示的文字。

第 2 行包含 4 个正整数，分别是窗口宽度、窗口高度、字体大小、周期参数 k。

输出：

在指定参数下，输出按正弦波的方式上下起伏的动态文字效果。

输入举例 1：

热烈庆祝中华人民共和国成立 70 周年！为实现中华民族伟大复兴努力奋斗！

800 200 16 2

输出举例 1：

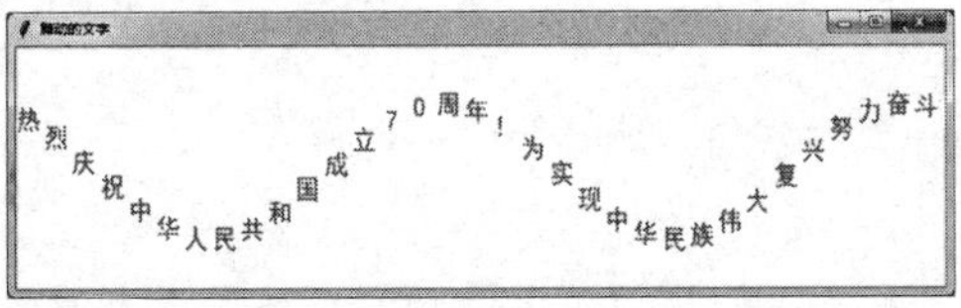

输入举例 2：

欢迎光临 2019 年中国北京世界园艺博览会！倡导绿色生活，共创美丽家园！

800 100 14 3

输出举例 2：

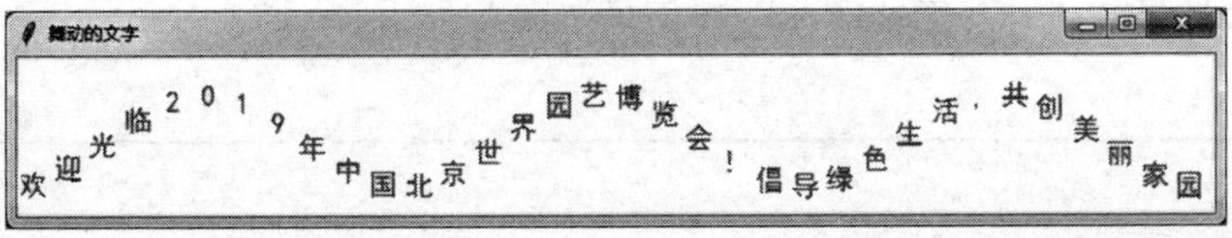

分析：

产生动态效果的原理：动态效果是通过每隔一定时间重新对窗口进行一次绘图来实现的。

对于本编程任务，文字的位置通过正弦函数 $y=\sin kx$ 来确定。根据解析几何知识可知，对以上曲线向右平移 θ，得到函数 $y=\sin k(x-\theta)$。对于函数 $y=\sin kx$ 与 $y=\sin k(x-\theta)$ 来说，相同的 x，对应的 y 值不同。因此，定时地改变函数的 θ 值（$\theta=\theta+\Delta$，其中 Δ 是 θ 的增量），也就改变了文字的 y 坐标，从而实现了文字的上下跳动。

利用 tkinter 库能方便地实现窗口绘图和定时重绘的功能。具体到本编程任务，其基本思路如下：

（1）在窗口中生成若干个标签控件，每个标签控件内显示一个文字。控制某个文字在窗口中的输出位置就是控制文字所在标签控件的左上角位置。

（2）每个文字的 x 坐标值按窗口宽度平分，并且在程序运行过程中始终保持不变。上下起伏的效果是依靠改变每个文字的 y 坐标值来实现的，y 坐标值可根据正弦函数公式 y=sin(k *（x−theta))来计算。随着每个刷新时间的定时推进，theta 的值不断地递增 delta，那么对应同一个 x 值的 y 值发生了变化，文字被定位到变化后的新位置上，这样文字就上下起伏跳动了起来。因为正弦函数是不断向右平移的，所以呈现出文字仿佛随水波波动的效果。

需要注意两点：

（1）对于正弦函数 y=sin(k *（x−theta))，x 的取值区间为[0，2π]，即[0，6.28318]，y 的取值范围为[−1，+1]。在窗口实际绘图时，不能直接按以上 x，y 的值在窗口中绘图，因为这样绘制出来的图 x 值最大只有 6 像素，而 y 轴最大只有+1，−1。本编程任务对输出的要求为：以上函数在[0，2π]上的波形占满整个窗口宽度，在窗口中处于垂直居中位置；文字最高和最低之差构成的振幅占窗口高度的 60%。因此，在窗口实际绘图时，应该将 x，y 的值按一定比例放大，以达到输出要求。

（2）tkinter 库的绘图坐标系与 turtle 库是不同的。对于 tkinter 库来说，坐标原点在窗口的左上角，x 轴正向为水平向右，y 轴正向为垂直向下。对于 turtle 库来说，坐标原点在窗口的中心，x 轴正向为水平向右，y 轴正向为垂直向上。

在此，正弦曲线每个点的坐标计算采用 numpy 库的向量方式进行计算。

参考程序代码(部分 1)：

```
1  def drawTextDancing(theta):
2      y=list(np.sin(k*(x-theta)))
3      for i in range(n):
4          labelYi=(h*0.3-fontSize/2)*y[i]+h/2-fontSize/2
5          lblList[i].place(x=labelX[i],y=labelYi,width=wUnit)
6      root.after(100,drawTextDancing,(theta+delta)%(2*np.pi))
7
```

说明

第 1～6 行：定义函数 drawTextDancing(theta)。该函数的功能是将文字动起来。具体来说，其过程如下：给定在[0，2π]范围的 n 个 x 坐标值，按正弦函数 y=sin(k *（x−theta))计算，得到 n 个相应的 y 值，然后适当放大(x，y)值，将 n 个文字所在的标签控件移动到此位置。以上动作,按每隔 100 ms,theta 值在原来基础上增加 delta。重复上述绘图动作,文字就动起来了。

在此需要注意的是:该函数使用了 10 个全局变量,在该函数中对这些全局变量的操作为只读,即没有在该函数中修改这些全局变量的值。这些全局变量 k,x,n,h,fontSize,lblList,labelX,wUnit,root,delta 在其被赋值的自定义 main()函数中用 global 关键字进行了声明,见第 9 行。它们的含义如下:

k:正弦函数中 x 的系数,即周期参数。此值由用户输入。显然,k 值越大,窗口显示的波峰个数越多。

x:为 numpy 向量。它有 n 个元素,每个元素的值分别为平分区间[0,2π]的 n 个值。

n:待显示文字的字符个数。

h:窗口的高度。此值由用户输入。

fontSize:待显示文字的字体大小。此值由用户输入。

lblList:为列表对象。每个元素类型为 tkinter 标签控件,每个标签控件存放了 1 个待显示的字符,共有 n 个标签控件。文字的定位是通过对标签控件定位来实现的。

labelX:每个标签对象左上角的 x 坐标。

wUnit:每个标签控件的宽度。

root:tkinter 的窗口对象。

delta:正弦函数 y=sin(k * (x-theta))中 theta 的增量。

该函数的局部变量有 4 个,分别为 theta,y,i,labelYi。

第 2 行:利用 numpy 库进行向量运算。表达式 x-theta 是 numpy 向量与标量 theta 的减法运算,结果是对 numpy 向量 x 的每个元素都减去 theta。表达式 np. sin(k * (x-theta))的结果也是 numpy 向量,需要调用 Python 内置函数 list()将此向量转换为列表,最后结果存放到变量 y 中。

第 3~5 行:for 循环结构。共循环 n 次,每循环一次处理 lblList 中的 1 个标签控件,得到其(x,y)值并将其放大,然后将对应的标签控件重新定义到该位置。

第 4 行:将标签控件 lblList[i]对应的 y 值 y[i]放大(h * 0.3-fontSize/2)倍,然后往下平移 h/2-fontSize/2。h * 0.3 表示正弦曲线占窗口高度的 60%,振幅在此基础上减去 fontSize/2,因为标签控件的定位基准是其左上角,fontSize/2 可以保证标签控件的文字的中心在正弦曲线上。这样,才能保证输出文字的最高点和最低点之差为窗口高度的 60%。注意:此处的 h * 0.3 不能写成 h * 0.6,fontSize/2 不能写成 fontSize,因为正弦曲线是以 x 轴对称的,振幅上下各半。

第 5 行:标签控件 lblList[i]通过调用 place()函数,将其左上角定位在指定的位置。注意:标签的 x 坐标是直接从全局变量 labelX 中读取元素 labelX[i]得到的,没有必要每次绘图都重新计算,因为这些标签的 x 坐标一直不变。

第 6 行:调用 tkinter 窗口对象 root 的 after()函数。该函数的功能是按指定的时间间隔调用指定的函数,并为此函数传递特定参数。在此,第 1 个参数设置重绘的间隔时间为 100 ms;第 2 个参数为 100 ms 后将被调用的函数名为 drawTextDancing,此函数名就是本函数,这样就有了反复调用的效果。显然,在本编程任务中,该反复调用为死循环;第 3 个参数为要传递的参数,在此为(theta+delta)%(2 * np. pi),下次调用时,theta 的值就增加了 delta,这样窗口不断被刷新,就有了"动感"。需要说明的是:第 3 个参数不使用表达式

theta＋delta，是为了防止 theta 值不断增大而超出浮点数类型能精确表示的最大有效数位数（通常是 16 位），从而导致结果错误。为了避免此情况发生，利用 sin(x＋theta)的周期为 2 * pi，将 theta 值对 2 * pi 进行取余，即(theta＋delta)％(2 * np. pi)。

显然，delta 值的大小决定了正弦波水平右移的速度。此值越大，其速度越快；反之，越慢。定时刷新就是以特定的时间间隔刷新一次，需要自己设置合适的刷新时间间隔。刷新时间间隔较小，则动态显示效果会比较连贯，但会占用较多的 CPU 资源；而刷新时间间隔太大，则动态显示效果会有停顿感。

参考程序代码(部分 2)：

```
8   def main():
9       global k,x,n,h,fontSize,lblList,labelX,wUnit,root,delta
10      txt=input()
11      w,h,fontSize,k=[int(e) for e in input().split()]
12      n=len(txt)
13      root=tk.Tk()
14      root.title("舞动的文字")
15      canvas=tk.Canvas(root,width=w,height=h,bg="white")
16      canvas.pack()
17      lblList=[]
18      wUnit=w//n
19      for i in range(n):
20          lbl=tk.Label(canvas,text=txt[i],fg='red',bg='white',
                          font=('黑体',fontSize))
21          lblList.append(lbl)
22      x=np.linspace(0,2*np.pi,n)
23      labelX=list(np.linspace(0,w,n))
24      delta=2*np.pi/(2*n)
25      drawTextDancing(0)
26      root.mainloop()
27
28  import tkinter as tk,numpy as np
29  main()
```

〈说明〉

第 8～26 行：定义主函数 main()。该函数接受用户输入，并且做一些绘图前的准备工作,最后调用绘图函数 drawTextDancing(),显示随波上下跳动的文字效果。

第 9 行:声明全局变量,共有 10 个。这些变量均在本函数中第 1 次被赋值,并能被其他函数(如 drawTextDancing)访问,因此必须在此声明为全局变量。

第 10 行:获得输入的待显示的文字,存放到字符串变量 txt 中。

第 11 行:获得输入的窗口宽度、窗口高度、字体大小、周期参数 k。这些参数均被转换为整数类型,分别存放到变量 w,h,fontSize,k 中。

第 12 行:获得输入文字的字符个数 n。

第 13 行:获得 tkinter 窗口对象 root。

第 14 行:设置窗口的标题为"舞动的文字"。

第 15 行:获得窗口画布对象 canvas,宽度为 w,高度为 h,背景为白色。

第 16 行:设置画布中控件的布局按一个接一个的方式摆放。

第 17 行:将列表 lblList 赋为空列表。它将用来存放 n 个标签控件。

第 18 行:得到每个标签控件的宽度 wUnit。根据本编程任务要求,所有文件在水平方向均匀分布。

第 19~21 行:for 循环结构。其作用是创建 n 个标签控件,每个标签控件中放 1 个文字,文字颜色为红色,标签控件背景为白色,文字字体为黑体,字体大小为 fontSize,然后将此标签控件追加到列表 lblList。

第 22 行:得到正弦函数的 n 个 x 坐标值。利用 numpy 库的 linspace()函数得到的结果 x 为 numpy 向量,其元素值为[0, 2π]区间 n 等分的序列值。因为这 n 个 x 坐标在 drawTextDancing()函数中保持不变,所以在调用此函数之前先计算并存储起来。这样能减少重复计算,提高程序的运行效率。

第 23 行:n 个标签控件的 x 坐标均匀分布在窗口水平方向,同第 22 行原因,先计算出来并存放到列表 labelX 中。

第 24 行:确定正弦函数 theta 的增量值,并存放到变量 delta 中。

第 25 行:调用 drawTextDancing()函数,初始时 theta 值为 0。

第 26 行:必须有此语句,否则看不到输出窗口。

第 28~29 行:本程序的入口。先导入 tkinter 库和 numpy 库,然后调用主函数main()。如果没有第 29 行对 main()函数发起调用,那么本程序将没有实际的执行入口,运行程序后看不到任何结果。

重要知识点:

(1) 对输出图形的几何分析。

(2) numpy 库在计算各个文字坐标中的应用。

(3) 利用 tkinter 库实现文字标签输出及其位置控制以及定时循环调用。

实验 10.2 大 变 房 子

任务描述:

对于输出举例第 1 张图所示的房子图形,给定该房子图形的关键点坐标,编写程序,根据输入的指令,实现对此图形进行缩放、翻转、旋转、平移、斜切等操作。

房子图形的 23 个关键点的坐标如表 10.1 所示。

表 10.1　房子图形的 23 个关键点的坐标

坐标	关键点																						
	1	2	3	4	5	6	7	8	9	10	11	12	13	14	15	16	17	18	19	20	21	22	23
x	−6	−6	−7	0	7	6	6	−4	−4	−1	−1	−6	4	4	0	0	4	2	2	0	0	4	4
y	−7	2	1	8	1	2	−7	−7	−1	−1	−7	−7	2	−2	−2	2	2	2	−2	−2	0	0	2

将序号 1～12 的关键点顺序连线，构成房子轮廓与门的形状，然后再将序号 13～23 的关键点顺序连线构成窗户的形状。

输入：

第 1 行有一个正整数 n，表示测试用例个数。其后 n 行，每行是一条用空格分隔的指令及其参数。

指令"scale""move""skew"分别表示缩放、平移、斜切，均带有两个浮点数型参数 cx 和 cy，分别表示在 x 轴方向和 y 轴方向的缩放系数、移动量、斜切系数。斜切的数学含义详见分析部分。

指令"flip"表示翻转，其后带有一个字符串型参数 axis，取值为"H"或"V"，表示水平翻转或垂直翻转。

指令"rotate"表示以坐标原点为中心的旋转，其后带有浮点数型参数 degree，表示旋转的角度值，单位为度。

输出：

第 1 个图形为由表 10.1 中 23 个关键点所绘成的原始房子图形。其后，每个测试用例输出一个按该指令及其参数变换后的房子图形。

图形的宽、高均为 6 in(1 in=25.4 mm)，x 和 y 轴的坐标范围均为[−10,10]。

输入举例：

```
14
scale 0.5 1
scale 1 0.5
flip H
flip V
rotate 90
rotate -90
rotate 180
rotate 30
move -5 0
move 0 5
move -5 5
skew 0 0.2
skew -0.2 0
skew 0.2 0.2
```

输出举例：

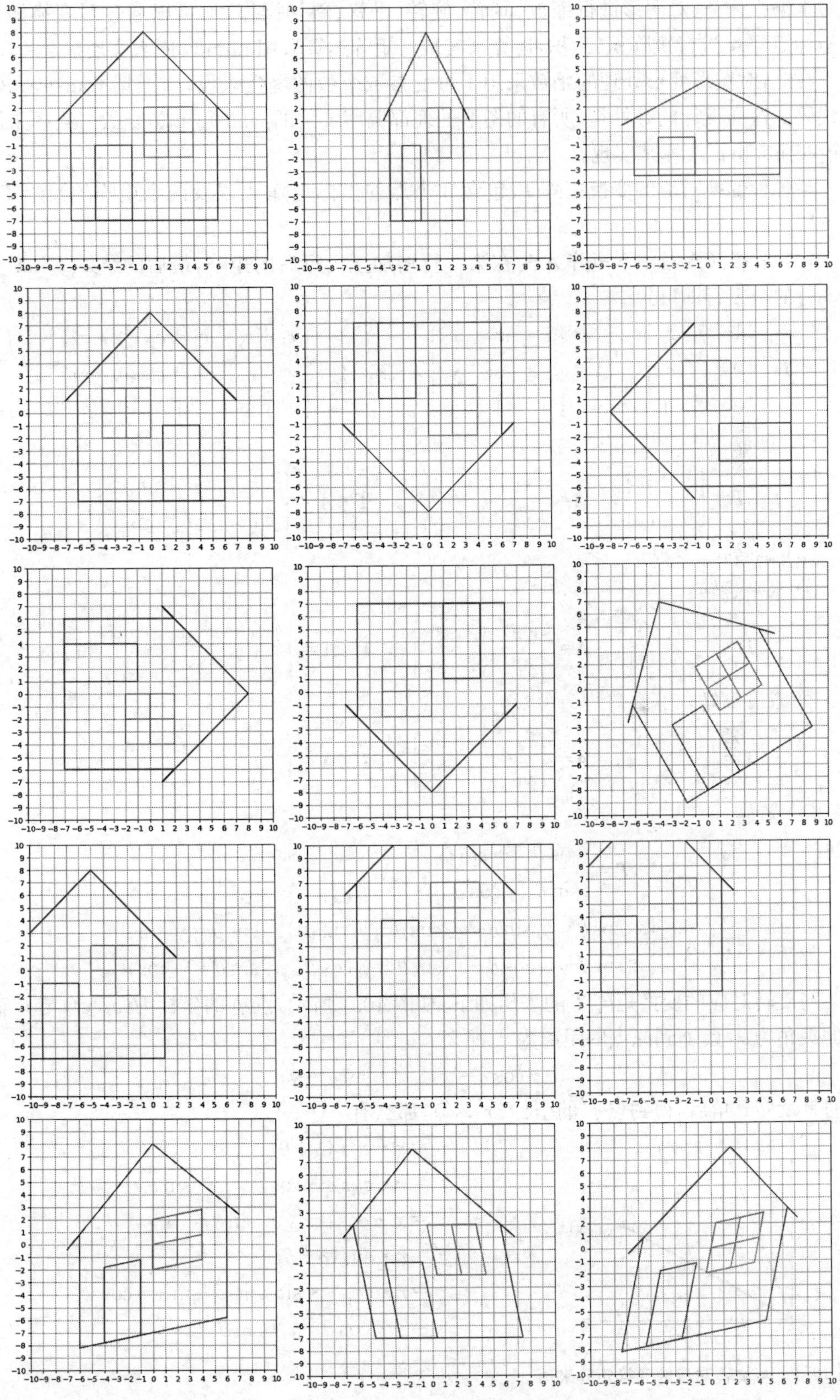

分析：

本编程任务(对图形进行缩放、翻转、旋转、平移、斜切操作)均可以通过对变换矩阵 $\boldsymbol{T}$ 与坐标矩阵 $\boldsymbol{A}$ 进行矩阵积(叉积)运算来实现。矩阵运算采用 numpy 库来实现。

在此,对图形变形处理的函数采用了可变参数个数的函数来设计,详见 transform()函数代码。这样设计的好处是,所有的图形处理都调用统一的 transform()函数。绘图采用了 matplotlib. pyplot 库来实现。

与各种变换对应的变换矩阵 $\boldsymbol{T}$、包含 3 个点的坐标矩阵 $\boldsymbol{A}$ 以及两个矩阵的叉乘 $\boldsymbol{T}\times\boldsymbol{A}$ 如下所示。

(1) 平移:(该操作下矩阵 $\boldsymbol{A}$ 为在第 3 行增加全 1 行后的矩阵,最后的结果 $\boldsymbol{T}\times\boldsymbol{A}$ 去掉第 3 行的全 1 行即可)

$$\boldsymbol{T}=\begin{pmatrix}1 & 0 & c_x\\0 & 1 & c_y\\0 & 0 & 1\end{pmatrix},\quad \boldsymbol{A}=\begin{pmatrix}x_1 & x_2 & x_3\\y_1 & y_2 & y_3\\1 & 1 & 1\end{pmatrix},\quad \boldsymbol{T}\times\boldsymbol{A}=\begin{pmatrix}x_1+c_x & x_2+c_x & x_3+c_x\\y_1+c_y & y_2+c_y & y_3+c_y\\1 & 1 & 1\end{pmatrix}。$$

(2) 缩放:

$$\boldsymbol{T}=\begin{pmatrix}c_x & 0\\0 & c_y\end{pmatrix},\quad \boldsymbol{A}=\begin{pmatrix}x_1 & x_2 & x_3\\y_1 & y_2 & y_3\end{pmatrix},\quad \boldsymbol{T}\times\boldsymbol{A}=\begin{pmatrix}x_1c_x & x_2c_x & x_3c_x\\y_1c_y & y_2c_y & y_3c_y\end{pmatrix}。$$

(3) 翻转:

① 水平翻转:

$$\boldsymbol{T}=\begin{pmatrix}-1 & 0\\0 & 1\end{pmatrix},\quad \boldsymbol{A}=\begin{pmatrix}x_1 & x_2 & x_3\\y_1 & y_2 & y_3\end{pmatrix},\quad \boldsymbol{T}\times\boldsymbol{A}=\begin{pmatrix}-x_1 & -x_2 & -x_3\\y_1 & y_2 & y_3\end{pmatrix};$$

② 垂直翻转:

$$\boldsymbol{T}=\begin{pmatrix}1 & 0\\0 & -1\end{pmatrix},\quad \boldsymbol{A}=\begin{pmatrix}x_1 & x_2 & x_3\\y_1 & y_2 & y_3\end{pmatrix},\quad \boldsymbol{T}\times\boldsymbol{A}=\begin{pmatrix}x_1 & x_2 & x_3\\-y_1 & -y_2 & -y_3\end{pmatrix}。$$

(4) 旋转:

$$\boldsymbol{T}=\begin{pmatrix}\cos\theta & -\sin\theta\\\sin\theta & \cos\theta\end{pmatrix},\quad \boldsymbol{A}=\begin{pmatrix}x_1 & x_2 & x_3\\y_1 & y_2 & y_3\end{pmatrix},$$

$$\boldsymbol{T}\times\boldsymbol{A}=\begin{pmatrix}x_1\cos\theta-y_1\sin\theta & x_2\cos\theta-y_2\sin\theta & x_3\cos\theta-y_3\sin\theta\\x_1\sin\theta+y_1\cos\theta & x_2\sin\theta+y_2\cos\theta & x_3\sin\theta+y_3\cos\theta\end{pmatrix}。$$

与旋转对应的变换矩阵 $\boldsymbol{T}$ 的来历如下:如图 10.1 所示,点 p 的坐标为(x,y),与 x 轴正向的夹角为 α,点 p 到原点的距离为 r,那么

$$r\cdot\cos\alpha=x,\quad r\cdot\sin\alpha=y。$$

逆时针旋转 θ 角后,得到点 p' 的坐标(x',y'),那么有

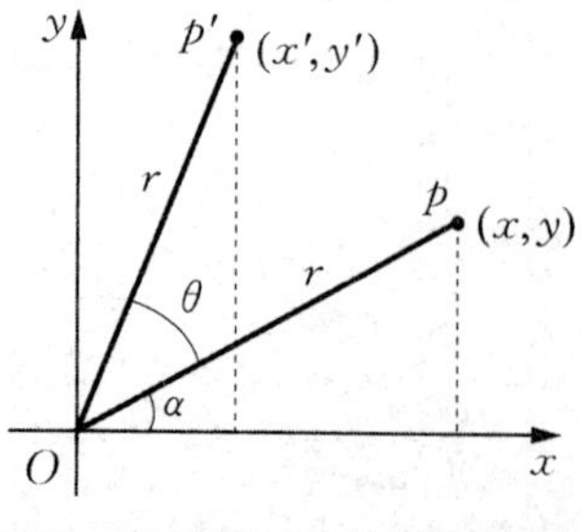

图 10.1　与旋转对应的变换矩阵来历

$$\begin{aligned}x'&=r\cdot\cos(\alpha+\theta)\\&=r\cdot\cos\alpha\cdot\cos\theta-r\cdot\sin\alpha\cdot\sin\theta\\&=x\cdot\cos\theta-y\cdot\sin\theta,\\y'&=r\cdot\sin(\alpha+\theta)\\&=r\cdot\cos\alpha\cdot\sin\theta+r\cdot\sin\alpha\cdot\cos\theta\\&=y\cdot\cos\theta+x\cdot\sin\theta。\end{aligned}$$

（5）斜切：

$$\boldsymbol{T}=\begin{pmatrix}1 & c_x\\ c_y & 1\end{pmatrix},\quad \boldsymbol{A}=\begin{pmatrix}x_1 & x_2 & x_3\\ y_1 & y_2 & y_3\end{pmatrix},$$

$$\boldsymbol{T}\times\boldsymbol{A}=\begin{pmatrix}x_1+y_1\cdot c_x & x_2+y_2\cdot c_x & x_3+y_3\cdot c_x\\ y_1+x_1\cdot c_y & y_2+x_2\cdot c_y & y_3+x_3\cdot c_y\end{pmatrix}。$$

参考程序代码(部分 1)：

```
1   def drawHouse(A):
2       plt.figure(figsize=(6,6))
3       plt.plot(A[0][:12],A[1][:12],A[0][12:],A[1][12:])
4       plt.grid()
5       rng=(-10,10)
6       plt.xlim(rng)
7       plt.ylim(rng)
8       tks=[i for i in range(-10,11)]
9       plt.xticks(tks)
10      plt.yticks(tks)
11      plt.show()
12
```

说明

第 1～11 行：自定义绘制房子形状的函数。参数 A 为 numpy 二维数组，用来存放绘制房子图形的 23 个关键点的 x，y 坐标，可以将 A 看作 2 行 23 列的矩阵。矩阵 A 的第 1 行，即 A[0]，是一个一维数组，有 23 个元素，分别为房子图形的 23 个点的 x 坐标。类似地，矩阵 A 的第 2 行，即 A[1]，是一个一维数组，有 23 个元素，分别为房子图形的 23 个点的 y 坐标。

第 2 行：设定 pyplot 输出图形的宽为 6，高为 6，单位为 in。

第 3 行：利用 pyplot 绘制连线图。因为前 12 个点可连续连线，后 11 个点可连续连线，所以 A[0][:12]，A[1][:12]分别表示前 12 个点的 x，y 坐标，A[0][12:]，A[1][12:]分别表示后 11 个点的 x，y 坐标。这里分两组进行连线，前 12 个点线构成房子的轮廓和门，后 11 个点线构成房子的窗户。

第 4 行：显示网格线。

第 5 行：给元组 rng 赋值为(−10，10)，

第 6～7 行：用 rng 作为参数，设置输出图形的 x 与 y 取值的下限和上限，均为 −10 与 10。

第 8 行：生成一个列表 tks，该列表的值为 −10～10 的整数。

第 9～10 行：用列表 tks 中的值作为输出图形的 x 轴、y 轴的刻度值。

第 11 行：显示输出的图形。

参考程序代码(部分 2):

```
13  def transform(A,op, ** varDict):
14      if op=='move':
15          cx=varDict['cx']
16          cy=varDict['cy']
17          T=np.array([[1,0,cx],[0,1,cy],[0,0,1]])
18          A2=np.vstack((A, np.ones(A.shape[1])))
19          return T.dot(A2)[:2]
20      elif op=='scale':
21          T=np.array([[varDict['cx'],0],[0,varDict['cy']]])
22      elif op=='flip':
23          if varDict['direction']=='H':
24              T=np.array([[-1,0],[0,1]])
25          elif varDict['direction']=='V':
26              T=np.array([[1,0],[0,-1]])
27      elif op=='rotate':
28          theta=varDict['degree'] * math.pi/180
29          T=np.array([[math.cos(theta),-math.sin(theta)],
                        [math.sin(theta),math.cos(theta)]])
30      elif op=='skew':
31          T=np.array([[1,varDict['cx']],[varDict['cy'],1]])
32      return T.dot(A)
33
```

说明

第 13～32 行:自定义 transform()函数,该函数用来对房子图形按输入的指令和参数进行变换。该函数的第 1 个参数 A 为存放了各点 x,y 坐标值的矩阵,第 2 个参数 op 表示何种变换操作的字符串,第 3 个参数 varDict 表示字典类型的可变参数。该函数根据 op 的 5 种可能取值,对矩阵 A 做相应的处理。该函数的返回值为处理后得到的表示各点新坐标的 numpy 二维数组(也称矩阵)。

第 14～19 行:坐标平移的处理。此时 varDict 中应该有相应的参数 cx 和 cy,分别表示在 x 轴方向和 y 轴方向上的平移量。

第 17 行:根据矩阵叉积的运算规则,构造实现平移的变换矩阵 T,该矩阵是 3 行 3 列的。参数 cx,cy 是矩阵 T 的元素。

第 18 行:2 行 23 列的矩阵 A 在第 3 行增加一行全 1 向量,变为 3 行 23 列的矩阵。

第 19 行:利用矩阵 T 叉乘矩阵 A 得到的结果也是 3 行 23 列的矩阵,返回的结果只需要取该矩阵的前两行,这两行就是平移变换后的 23 个关键点的 x,y 坐标。特别注意:对于 numpy 二维数组表示的矩阵 T 调用 dot(A2)函数,其中 A2 也是 numpy 二维数组,那么返回矩阵 T 叉乘矩阵 A2。

其后的 4 种处理只有变换矩阵 T 的构造不相同,最后均返回矩阵 T 叉乘矩阵 A。

第 20～21 行:得到缩放操作的变换矩阵 T。cx,cy 的值大于 1 则放大,等于 1 保持不变,小于 1 则缩小。

第 22～26 行:处理翻转操作。

第 23～24 行:得到水平翻转的变换矩阵 T。

第 25～26 行:得到垂直翻转的变换矩阵 T。

第 27～29 行:处理旋转操作。得到旋转的变换矩阵 T。degree 为正值表示逆时针方向旋转,负值表示顺时针方向旋转,单位为度(在此需要转换为弧度)。角度转换为弧度也可以直接利用 math. radians(x)来实现,因此第 28 行也可以写为

theta=math. radians(varDict['degree'])

第 30～31 行:处理斜切操作。得到斜切的变换矩阵 T。cx,cy 为斜切的系数,cx 为 0 且 cy 不为 0,则为垂直方向斜切;cx 不为 0 且 cy 为 0,则为水平方向斜切;cx 与 cy 均不为 0,则为水平方向和垂直方向都斜切。

第 32 行:在得到缩放、翻转、旋转、斜切操作的变换矩阵 T 后,返回矩阵 T 叉乘矩阵 A。

参考程序代码(部分 3):

```
34  def main():
35      house= ((-6,-6,-7,0,7,6,6,-4,-4,-1,-1,-6,4,4,0,0,4,2,2,0,0,4,4),
                (-7,2,1,8,1,2,-7,-7,-1,-1,-7,-7,2,-2,-2,2,2,2,-2,-2,0,0,2))
36      n=int(input())
37      A=np.array(house)
38      drawHouse(A)
39      for i in range(n):
40          s=input().split()
41          if s[0] in ('scale', 'move', 'skew'):
42              TA=transform(A, s[0], cx=float(s[1]), cy= float(s[2]))
43          elif s[0]=='flip':
44              TA=transform(A, s[0], direction=s[1])
45          elif s[0]=='rotate':
46              TA=transform(A, s[0], degree=float(s[1]))
47          drawHouse(TA)
```

续表

48	
49	`import matplotlib.pyplot as plt, numpy as np, math`
50	`main()`

说明

第 34～47 行：定义 main()函数。程序的功能由此函数展开。

第 35 行：定义存放房子图形的 23 个关键点的二维元组 house。对应的坐标值来自编程任务描述部分。

第 36 行：将输入的测试用例个数转换为整数，存放到变量 n 中。

第 37 行：利用 numpy 库中的 array()函数，将 house 转换为 numpy 二维数组(也称矩阵)，存放到变量 A 中。

第 38 行：调用自定义的 drawHouse(A)函数，得到原始的房子图形。

第 39～47 行：for 循环结构，每循环一次处理一个测试用例。

第 40 行：接受用户输入的一行命令和参数。按空格拆分成子字符串列表，存放到变量 s 中。

第 41～47 行：根据 s[0]中所包含的命令名称字符串，对图形进行缩放、平移、斜切、翻转、旋转操作，分情况处理。以矩阵 A、命令名称和相应的参数调用 transform()函数，并将该函数的返回值存放到变量 TA 中，TA 的类型为 numpy 矩阵。最后，通过调用 drawHouse(TA)函数将变换后的图形绘制出来。

需要注意的是：第 42、第 44、第 46 行中调用 transform()函数时，前面的两个参数 A 和 s[0]的参数传递方式为按位置传递实参，而形如 cx＝float(s[1])，cy＝float(s[2])，direction＝s[1]，degree＝float(s[1])的参数传递方式为按关键字传递实参。按关键字传递与 transform()函数的变长参数个数的形参 varDict 配合，在 transform()函数中，通过形如 varDict['cx']，varDict['cy']，varDict['direction']，varDict['degree']的方式获得相应的实参值。这种方式下，变长形参名作为字典名，实参的关键字名作为字典的 key，得到相应的实参值。一般地说，在变长形参个数的函数中以“变长形参名[实参关键字名]”的方式获得相应实参值。

重要知识点：

(1) 房子图形的各种变换对应的变换矩阵的由来。

(2) matplotlib. pyplot 库在绘图中的应用。

(3) numpy 库在矩阵计算中的应用。

本章程序代码